/中/华/女/子/学/院/性/别/研/究/丛/书/

性别差异伦理学

——伊丽格瑞的女性主义伦理学研究

朱晓佳 ◎ 著

中国社会科学出版社

图书在版编目(CIP)数据

性别差异伦理学：伊丽格瑞的女性主义伦理学研究 / 朱晓佳著 . —北京：中国社会科学出版社，2018.10

（中华女子学院性别研究丛书）

ISBN 978-7-5203-3431-0

Ⅰ.①性… Ⅱ.①朱… Ⅲ.①性别差异-伦理学-研究 Ⅳ.①B844

中国版本图书馆 CIP 数据核字（2018）第 245544 号

出 版 人	赵剑英
责任编辑	任　明
责任校对	夏慧萍
责任印制	李寡寡

出　　版	中国社会科学出版社
社　　址	北京鼓楼西大街甲 158 号
邮　　编	100720
网　　址	http：//www.csspw.cn
发 行 部	010-84083685
门 市 部	010-84029450
经　　销	新华书店及其他书店

印刷装订	北京君升印刷有限公司
版　　次	2018 年 10 月第 1 版
印　　次	2018 年 10 月第 1 次印刷

开　　本	710×1000　1/16
印　　张	10.25
插　　页	2
字　　数	151 千字
定　　价	68.00 元

凡购买中国社会科学出版社图书，如有质量问题请与本社营销中心联系调换
电话：010-84083683
版权所有　侵权必究

中华女子学院性别研究丛书
编辑委员会名单

主任 张李玺

委员 王　露　石　彤　史晓春　宁　玲
　　　　司　茹　刘伯红　刘　梦　刘　萌
　　　　孙晓梅　寿静心　李树杰　肖　巍
　　　　佟　新　武　勤　林建军　周应江
　　　　郑新蓉　崔　巍　宿茹萍　彭延春

总　序

　　岁月如歌，芳华凝香，由宋庆龄、何香凝、蔡畅、邓颖超、康克清等革命前辈于1949年创设的"新中国妇女职业学校"发展而来的中华女子学院，已经建设成为一所独具特色的普通高等学校。学校积极承担高等学校职能，秉承引领先进性别文化、推进男女平等、服务妇女发展、服务妇女国际交流与政府外交的重要使命，坚持走"学科立校、科研强校、特色兴校"之路，正在为建成一流女子大学和妇女教育研究中心、妇女理论研究中心、妇女干部培训中心、国际妇女教育交流中心而奋发努力着。

　　1995年第四次世界妇女大会以来，性别研究和社会性别主流化在国内方兴未艾，中华女子学院抓住机会，积极组织开展妇女/性别研究，努力在此领域打造优势和特色，并已取得显著成效。我校在全国第一个设立了女性学系、设立中国妇女发展研究中心、中国妇女人权研究中心，建设中国女性图书馆，率先招收女性学专业本科生和以妇女服务、妇女维权为研究方向的社会工作专业硕士研究生；中华女子学院还首批入选全国妇联与中国妇女研究会批准的妇女/性别研究与培训基地，成为中国妇女研究会妇女教育专业委员会、中国婚姻家庭法学研究会秘书处单位。

　　长期以来，中华女子学院教师承接了多项国家级、省部级课题和国务院妇儿工委、全国妇联等部门委托的研究任务，在妇女/性别基础理论、妇女与法律、妇女与教育、妇女与参与决策和管理、妇女与经济、妇女与社会保障、妇女与健康等多个领域做出了颇有建树的研究，取得了丰硕的研究成果，为推进实现男女平等基本国策的步伐、推动社会性别主流化、促进妇女儿童发展与权益保障做出了积极的努力。

　　作为一所普通高等学校，中华女子学院也着力加强法学、管理学、教育学、经济学、艺术学、文学等学科和专业建设,鼓励教师将社会性别视角引入不同学科的研究,大力支持教师开展各自所在学科和专业的研究。特别是近年来,通过引进来、走出去等多种措施加强师资队伍建设,中华女子学院教师的科研能力与学术水平有了较大的提升,在不同学科领域,不少教师都取得了可喜的科研成果,值得鼓励和支持。

中华女子学院组织编撰的"妇女教育发展蓝皮书"系列已由社会科学文献出版社出版发行,并获得了良好反响。为展示和推广我校教师在妇女/性别领域和其他学科领域的研究成果,学校特组织编撰《中华女子学院性别研究丛书》和《中华女子学院学术文库》两套系列丛书,并委托中国社会科学出版社统一出版发行。性别研究丛书将集中出版中华女子学院教师在妇女/性别理论、妇女发展的重大问题、跨学科、多学科研究妇女/性别问题等多个方面的著作;学术文库将收录中华女子学院教师在法学、管理学、教育学、经济学、艺术学、文学等学科领域有代表性的论著。入选丛书的著作,都经过校内外专家评审,有的是教师承接国家级、省部级课题或者专项委托课题的研究成果,有的是作者在修改、完善博士学位论文基础上而形成的成果,均具有一定的学术水准和质量。

上述丛书或文库是中华女子学院学科与科研建设成效的展示,也是献给中国妇女发展与高等教育事业的一份薄礼。"君子以文会友,以友辅仁。"我们期望,这两套丛书的出版发行,能够为关注妇女/性别研究和妇女发展的各界朋友提供一个窗口,能够为中华女子学院与学界的交流与合作提供一个平台。女子高等学校的建设与发展,为中国高等教育事业和妇女教育事业的发展增添了亮色,我们愿意继续努力,为这一事业不断添砖加瓦,也诚请社会各界继续对中华女子学院给予指导、关心、支持和鞭策。

是为序。

中华女子学院原党委书记、原院长 张李玺

2013年12月30日

目　录

绪论 …………………………………………………………（1）
 一　一个跨时代的问题 …………………………………（1）
 二　伊丽格瑞的学术发展历程 …………………………（4）
 三　国内外研究现状 ……………………………………（9）
 四　本书结构与研究方法 ………………………………（15）

第一章　"性别差异"概念的思想根源与现实意义 …………（19）
 第一节　"性别差异"概念与现实意义 …………………（19）
 第二节　西方哲学史中的"性别差异" …………………（21）
  一　柏拉图的"爱"概念 ………………………………（21）
  二　亚里士多德的"空间"概念 ………………………（23）
  三　笛卡儿的"好奇"概念 ……………………………（29）
  四　斯宾诺莎的"自因"概念 …………………………（32）
 第三节　后现代哲学中的"性别差异" …………………（36）
  一　精神分析学派的"女性气质" ……………………（37）
  二　结构主义学派的"女性愉悦" ……………………（39）
  三　解构主义学派的"二元对立" ……………………（44）
  四　存在主义学派的"造就女性" ……………………（46）

第二章　"性别差异"的哲学本体论基础 ……………………（52）
 第一节　传统哲学中关于两性身份的论述 ……………（52）
 第二节　伊丽格瑞对于女性身份的确立 ………………（64）
  一　女性的性征："双唇" ………………………………（64）
  二　女性的特质："黏液" ………………………………（68）

三　女性的商品价值 …………………………………………（70）
　　　四　女性的社会身份 …………………………………………（73）
　第三节　女性主义学者关于性别身份概念的发展与延伸 ………（75）

第三章　"性别差异"的语言与政治 ……………………………（84）
　第一节　传统语言中对"性别差异"概念的遮蔽 ………………（84）
　第二节　女性主义学者语言表达中的"性别差异" ……………（89）
　第三节　"性别差异"概念下的政治主张 ………………………（93）

第四章　"性别差异"伦理的建立 ………………………………（97）
　第一节　"性别差异"概念下的"两性之爱" …………………（97）
　　　一　两性个体的"自我之爱" ……………………………（98）
　　　二　两性间的"爱" ………………………………………（99）
　第二节　"性别差异"概念下人与人之间的"同等之爱" ……（102）
　　　一　男性的同等之爱 ………………………………………（104）
　　　二　女性的同等之爱 ………………………………………（105）
　第三节　"性别差异"概念下人与人之间"有差别的爱" ……（109）
　　　一　男性的他者 ……………………………………………（110）
　　　二　女性的他者 ……………………………………………（110）
　　　三　"性别差异"伦理下之有差别的爱 …………………（111）

第五章　"性别差异"伦理的困境与发展 ………………………（119）
　第一节　"性别差异"伦理的现实困境 …………………………（119）
　第二节　理论的深化和发展 ………………………………………（127）

结语 …………………………………………………………………（135）
　　　一　批判中的言说 …………………………………………（135）
　　　二　创建中的言说 …………………………………………（138）
　　　三　质疑和困难 ……………………………………………（140）
　　　四　同时代女性哲学家之间的相互影响 …………………（143）

参考文献 ……………………………………………………………（146）

后记 …………………………………………………………………（157）

绪 论

在人类历史上，女性主义运动主要经历了三次大的浪潮。第一次浪潮发生于19世纪中叶到20世纪20年代。这一时期女性主义关注的焦点包括女性的选举权、受教育权和就业权等。第二次浪潮发生于20世纪70年代，伴随着美国黑人解放运动、学生运动及法国民主运动，这一运动浪潮主要关注的焦点是批判性别歧视和追求两性各项权力、地位的平等。在经历了前两次浪潮之后，女性主义运动的理论也逐渐发展，在各个学科中开始走向成熟。女性主义第三次浪潮，得益于后现代主义理论的启示。以克里斯蒂娃、西苏和伊丽格瑞为主要代表人物的法国后现代女性主义者，汲取了后现代主义哲学家德里达、拉康等人的理论，运用后现代主义理论对男性中心主义进行批判，发展起后现代女性主义哲学。她们继承和批判了传统的女性主义理论，关注差异，反对男性中心主义，力图建构一套女性主义的话语和伦理体系。

一 一个跨时代的问题

伊丽格瑞在《性别差异伦理学》的开篇就指出："海德格尔认为，每一个时代都有一个问题需要彻底思考，而且是唯一的问题。性别差异也许就是我们这一时代的问题。如果对这个问题进行彻底地思考，我们就可以得到思想上的拯救。"[1] 应当承认，伊丽格瑞对于这一时代

---

[1] Luce Irigaray, Trans. Carolyn Burke and Gillian C. Gill, *An Ethics of Sexual Difference*, London: The Athlone Press, 1993, p. 5.

问题的把握很准确，当今社会虽然科学技术已经很发达，生产力水平也已经达到了一定的高度，但在资源分配的过程中出现了很多问题，例如女性的受教育权、女性的就业权以及公共资源如何分配的问题等。当今伦理学亟待解决的问题就是处理好生产力高度发展后的分配问题。男女两性的关系问题，是人与人之间最基本的问题，如果这个问题能够有效解决，不仅从学术上解决了伦理学中最关键的问题，也有助于和谐社会的建设。因此选择后现代女性主义"性别差异"问题进行学术研究，具有以下三个方面的原因。

第一，研究后现代女性主义"性别差异"理论具有理论和实践两方面的意义。首先，研究后现代女性主义具有知识领域内的本体论和认识论的意义。女性主义结合后现代哲学，对现代哲学的形而上学和本质论进行解构，试图建立起女性主义的哲学大厦。女性主义最重要的知识兴趣是对于性别关系以及由性别差异产生的一系列问题的探索。女性主义伦理学意义在于通过解构性别本质论和二元论，来重新认识女性的主体地位和身份。其次，研究后现代女性主义具有促进社会政治变革的意义。任何理论都不会仅局限于知识领域，女性主义也是如此。后现代女性主义的伦理学对哲学理论进行探讨，其根本目的就是为女性社会政治伦理服务的。女性主义试图摆脱男性传统的枷锁，建立起一个两性和谐的人类文明。

第二，后现代女性主义探讨的"差异"概念，已经成为女性主义研究中运用得最频繁的概念之一。女性主义研究的开始阶段，关注点是男女之间的差别，通过从生物学角度的分析，得出妇女的从属地位。随着研究的深入，女性之间的差别也开始被关注。这一问题的提出，对女性研究的未来有着极为关键的影响。有关性别差异问题，比较一致的看法是认为包含两个维度：一是指男女两性的差异。男性和女性之间由于生理上的差异而形成的心理、社会地位等方面的差异。二是指女性个体间的差异。女性表面上以相同的方式生活，处在被压迫被奴役的地位。但由于阶级、国籍和种族等其他原因，也形成了女性间的个体差异。例如妇女被指定承担母亲的角色，由于个体的历史与文化地位的不同，这一角色对个人或对家庭的意义也有所不同。因此理解性别差异应该注意以上这两个维度。

第三,后现代女性主义拥有一种新的视角,即从"女性"观点出发,承认"女性"的多样性和差异性,最终形成自身和"他者"之间的关系。"现在许多女性主义者争论说,差异已经占据当今女性研究项目的中心舞台。"① "差异已经代替平等,成为女性主义关注的核心。"②

在众多论述"差异"问题的哲学家当中,伊丽格瑞的性别差异理论显得尤为独特。本书在搜集和阅读大量文献之后,选择伊丽格瑞的性别差异理论作为博士学位论文的研究内容,具有以下几方面的原因。

第一,伊丽格瑞是一位十分出色的后现代女性主义代表,她与英美女性主义者的不同在于借鉴了大陆哲学的资源来探讨女性主义伦理,例如精神分析、语言学和符号学等,自身很有理论深度和学理性。她最终要探讨一种男女应当具有怎样的关系,如何在不把女性还原成有缺陷的男性的情况下发展起平等的性别关系。伊丽格瑞的性别差异伦理学有着很强的代表性,她的思想受到了后现代哲学思想的浸染,带有浓烈的哲学味道,为女性主义发展提供了理论上的支撑。她的女性主义理论经过20多年的发展,已逐渐形成了较为成熟、完整的理论架构。

第二,伊丽格瑞的思想与后现代主义之间的契合,使她的思想显现出前所未有的颠覆性,引起了激烈的争论和广泛的影响。女性主义借鉴后现代主义反本质主义的方法,反二元对立,重视话语权。这些女性主义与后现代思想的契合,都能在伊丽格瑞的思想中体现出来。对伊丽格瑞思想进行彻底研究,就能对第三次女性主义思想有一个基本的把握。

---

① Zinn Maxine and Bonnie Thornton Dill, *Theorizing difference from multiracial feminism*, Feminist Studies, 22 (2), Summer. 1996, p. 322.

② Genoves-Fox Elizabeth, 1994, *Difference, diversity and divisions in an agenda for the women's movement. Colour, Class, and Country: Experience of Gender. eds. Young, Gay. Dickerson, Bette J*, London: Zed Books, 1994, p. 232.

第三，伊丽格瑞在哲学、心理学、语言学上都有自己的建树。她的著作涉及哲学、古典文学、心理学、精神分析、语言学、社会学、政治学、法学和宗教等领域。她思想的丰富性，也是其区别于其他女性主义思想家的特征之一。

本书试图对这样博大而繁杂的思想进行整理归类并在此基础上加以分析，论述伊丽格瑞的性别差异伦理学及其重要意义，而且希望通过对伊丽格瑞性别差异伦理学的研究，能够为中国的伦理学和女性主义发展提供一个新的视角。

二 伊丽格瑞的学术发展历程

伊丽格瑞生于20世纪30年代的比利时，60年代初移居法国。1961年在巴黎大学获得心理学硕士学位，而后她参加了雅克·拉康的心理分析研修班，成为一名心理分析学家。1968年，伊丽格瑞获得了语言学博士学位。1970—1974年，她在温塞纳大学任教，是由拉康领导的巴黎弗洛伊德学派的成员。80年代她积极支持意大利的共产主义运动，她的学说和主张对于意大利和法国女性主义运动产生了重要影响。此后，伊丽格瑞在欧洲乃至全世界演讲、著述，逐渐被世人接受为女性主义理论家和哲学家。她的学说发展大致经历了三个主要阶段。①

第一阶段以其著作《他者女性的窥镜》(*Speculum of the Other Woman*)、《非"一"之性》(*This Sex Which Is Not One*)和《性别差异的伦理学》(*An Ethics of Sexual Difference*)为主要代表。在这些著作中，伊丽格瑞致力于批判男性如何建构了父权社会对世界的诠释并开

---

① 关于伊丽格瑞思想的划分，还有学者划分为四个阶段，例如参见刘岩《差异之美：伊利加蕾的女性主义理论研究》，北京大学出版社2010年版，第14—18页。她的划分参照了伊丽格瑞于1995年接受美国学者采访时对自己理论发展过程的总结。Luce Irigaray, "'Je-Luce Irigaray': A Meeting with Luce Irigaray," interview with Elizabeth Hirsh and Gary A. Olson, trans., Elizabeth Hirsh and Gaëton Brulotte, Hypatia 10.2（Spring 1995）, pp.96-97. 本书的划分，力图突出伊丽格瑞学术历程阶段性的特征，以及在理论构建过程中的逻辑性。

始寻找女性主体。

《他者女性的窥镜》是伊丽格瑞的博士学位论文，该书尚未发表她就失去了在温塞纳的教职。在书中，伊丽格瑞重新审视"女性气质"的概念，认为女性缺乏独立主体和特质，希望能够用"女性书写"来颠覆男性的霸权。《他者女性的窥镜》像内视镜的结构一样，分成三大部分，第一部分详尽地解释弗洛伊德有关女性的论述，主要是《精神分析学演讲集导论》中"女性气质"一文和他研究女性性心理发展和性别差异问题的其他文章；第二部分主要是对从柏拉图到黑格尔等哲学家思想的重新解释，并提出自己的理论见解；第三部分通过对柏拉图"洞穴"比喻的细致阅读，精妙地解释和批评了柏拉图的思想。这部著作中新颖的解读模式，激发了以后女性主义学者解读哲学文本的灵感。

《非"一"之性》法语原版 *Ce Sexe qui n'en est pas un* 出版于1977年，英译本由波特（Catherine Porter）和伯克（Carolyn Burke）合作翻译，由康奈尔大学出版社出版于1985年。全书共分11章，从不同侧面论述女性经验的差异性，首次对女性性征进行了创造性的描述，阐释了语言学、哲学和心理学的思想。书名《非"一"之性》取自该书第2章的题目。所谓的非"一"之性指的是和男性"一"不同的女性。伊丽格瑞认为在弗洛伊德的理论框架中，女性性征总是在男性参数基础上被概念化。伊丽格瑞为女性性征作了自己创造性的定义，认为女性的性征是复数的，多元的。女性对什么都没有欲望，又对什么都有欲望。伊丽格瑞指出："女性的发展无论多快，都难以满足女性解放的欲望。女性没有政治理论和政治实践的决心。这是一个历史问题，尽管马克思也声明了它的重要性。女性并不是一个阶级，她们分散在若干阶级里，这使得她们的政治斗争更加复杂，使得她们的需求有时出现矛盾。"[①] 但女性要建立的绝非是"把现有秩序颠倒过来，

[①] Luce Irigaray, Trans. Catherine Porter and Carolyn Burke Ithaca, *This Sex Which Is Not One*, New York: Cornell University Press, 1985b, p. 32.

那么即使可以做到，历史最终也将再次回到阳具统治中去"①。女性只是寻找一个作为"他者"的女性性征、女性幻想和女性语言能够存在的空间。

《性别差异伦理学》法语原版 *Éthique de la Différence Sexuelle* 出版于1984年，英译本由伯克和吉尔（Gillian Gill）合作翻译，于1993年出版。全书由11篇文章组成，共分四个部分，书名《性别差异伦理学》取自该书第三部分的第2篇论文的题目。四部分内容如下：第一部分包括3篇文章，"性别差异""读柏拉图《会饮篇》'迪奥提玛的发言'""空间、间隔：读亚里士多德'物理学Ⅳ'"。第二部分包括3篇文章："自我之爱""阅读笛卡儿：灵魂的激情""封皮：阅读斯宾诺莎，伦理学，'用上帝的名义'"。第三部分包括2篇文章："同等之爱，他者之爱"和"性别差异伦理学"。第四部分包括3篇文章："对他者的爱""无形的人性：读梅洛-庞蒂，有形和无形，'缠绕—交叉'""爱的繁殖力：读列维纳斯，完全的永恒的，'爱神现象学'"。该书以"性别差异"开篇，这是伊丽格瑞在鹿特丹伊拉斯谟大学的演讲。该篇基本上阐明了伊丽格瑞本书的主旨，主要论述哲学、政治、精神分析等层面的性别差异问题至今没有得到实质性的改变，她认为应该在思想和伦理上引发一场革命，重新解读主体与话语、主体与世界、主体与宏大、微观与宏观等的关系。伊丽格瑞也指出，长期以来男性主体的书写方式占据着统治地位。话语的主体是男性，理论、道德、政治等许多领域的话语都是男性的，女性的领域被遗留在一些次要的艺术形式当中，如厨艺、编织、缝纫、刺绣，以及偶尔在诗歌、绘画、音乐等艺术领域。②

在该书中，伊丽格瑞分三个层次来论述她的思想，第一个层次指出要彻底解决女性主体的问题就必须重新思考空间和时间的关系问题。她回顾了创世之初上帝如何创造空间、人和秩序，时间为空间服

---

① Luce Irigaray, Trans. Catherine Porter and Carolyn Burke Ithaca, *This Sex Which Is Not One*, New York: Cornell University Press, 1985b, p. 32.

② Luce Irigaray, Trans. Carolyn Burke and Gillian C. Gill, *An Ethics of Sexual Difference*, London: The Athlone Press, 1993, pp. 5-7.

务。后来哲学如何颠倒了这样的秩序，时间成为主体内在的东西，空间成为外在的，而时间主体成为掌管世界的轴心。对于两性来讲，女性气质被认为是一种空间的感受，而男性的气质则被认为是时间性的。要彻底解决性别差异的问题就必须对时间和空间的概念进行重新思考和界定，必须改变欲望的结构秩序。伊丽格瑞主张，女性应该从自身的影像中重新发现自我。第二个层次，伊丽格瑞接着指出要建构性别差异伦理学就必须回归到笛卡儿所说的"好奇"。"好奇"是人类的第一情感，当男女两性第一次见面的时候，对对方充满好奇，这种"好奇"才是性别差异的根本。伊丽格瑞认为，只有"好奇"才能让两性在尊重差异的基础上保持自主性，给双方一个自由和吸引的空间，一个分离或结盟的可能。在伊丽格瑞看来，西方文明中性别差异伦理学一直没有建立起来的原因，就是因为肉体与灵魂、性行为与精神境界的分裂关系。虽然宗教中有天使充当空间和时间的信使，但他们蕴含的象征意义却不能延伸至哲学、神学和道德领域。性别差异伦理学要求天使（爱）和身体共处。第三个层次，伊丽格瑞指出男女两性之间的纽带应该是纵向和横向两个维度的。人类需要建立这样一个地方，在这里可以供性别、肉体和灵魂同生共处，携带过去的记忆，承载对未来的希望，还能沟通现在，从根本上消除身份差异。

第二个阶段主要代表著作包括《性别与谱系学》（Sexes and Genealogies），《思考差异：和平的革命》（Think the difference: For a Peaceful Revolution），和《我、你、我们：走向一种差异文化》（I, You, We: Toward a Culture of Difference）。这些著作着重讨论女性主体存在的可能性，为建立一个两性平等的伦理学寻找哲学基石。

《性别与谱系学》法语原版 Sexs et Parentés 出版于 1987 年，英译版由吉尔翻译，1993 年哥伦比亚大学出版社出版。该书是一本论文集，在序言中伊丽格瑞写道，该书用不同于《性别差异伦理学》的风格、语气和发展模式，但它仍然是讨论"是否应该发展一门统治性别关系的伦理学"。这本书围绕两个轴心来论述，一是性别，一是谱系学。所有性别间的社会和文化关系都是在这两个范围内的。

《思考差异：和平的革命》法语原版 Le Temps De La Différence：

Pour une Révolution pacifique，英译本由 Karin Montion 翻译，1994 年出版于伦敦。该书共四章，第一章讲述"生存的机会"，第二章讲述"我们怎样做一位女性公民"，第三章讲述"两性的公民权利和责任"，第四章讲述"被遗忘的神秘的女性祖先"。

《我、你、我们：走向一种差异文化》法语原版 *Je，tu，nous，Pour une culture de la différence*，英译本由 Alison Martin 翻译，1993 年出版于伦敦。该书共四章内容，主要论述权力和性别的关系。

第三个阶段的代表著作包括《我对你的爱》(*I Love to You*)、《二人行》(*To Be Two*) 和《东西方之间》(*Between East and West：from singularity to community*)。此时伊丽格瑞重点关注尊重性别差异基础之上的主体间的相互性，希望建立两性间的理想关系模式。

《我对你的爱》讲述男女两性如何建立和谐的"双主体"关系。

《二人行》以演讲的形式讲述女性应该重新定义自我，男女两性应该以"二人"的身份共同生活在世界当中。

《东西方之间》是伊丽格瑞较新的一部著作，该书中她甚至提出要融合各种思想、传统、文明，要改变世界，以促使一个新世纪的来临。

综观伊丽格瑞的思想发展和学术作品，笔者认为可以总结为具有如下几个特征：第一，思想丰富，作品繁多。从 1973 年到 2008 年的 25 年间，伊丽格瑞发表了 20 多部著作、30 余篇论文和 10 余次访谈。这些作品包含了她丰富的思想，也体现了她思想发展的过程。第二，构思巧妙，写作方法独特。《他者女性的窥镜》采用凹透镜的独特结构形式，突出体现了伊丽格瑞把女性比喻成为"凹透镜"而非传统中男性的反射镜。文中对传统哲学的批判，也多采用问答的方式，直截了当且清晰明了。《二人行》采用诗一般的写作方式，把伊丽格瑞对和谐的差异社会的构建方式娓娓道来。第三，思想深邃，哲学色彩浓烈。伊丽格瑞的思想在早期阶段遭到质疑，其原因是她理论的深邃导致了很多学者对她的误解。随着她后来作品的陆续出版，对她理论的进一步解释和补充说明，她的思想才逐渐获得大家的认同。伊丽格瑞作品在很多时候谈论的都是哲学话题。形而上学的思想本来就比较抽象，不像简单地提出某种女性运动的口号那么通俗易懂。第四，女性视角。伊丽格瑞以其独特的女性体验，以女性身体出发提出对女性性征的描述。从女性主义独特的视角，对传统哲学进行批判。从女性一直处于的客体地位出发，提出建立尊重"他者"的差异伦理，希望能够达到一种尊重差异、尊重"他者"的人类文明社会。罗伯特在他的文中不仅指出了伊丽格瑞思想的困境，也指出了伊丽格瑞思想的独特之处："伊丽格瑞从多个层面展现这些传统，理论的建立是通过引用、戏拟，或解释，还有一些是通过在临界点有计划的插入或存在。因此她适用于各种解构方式，显示从西方思想的基础和古希腊哲学到现代心理分析是怎样通过在指示和隐喻方面排除'他者'和所有女性的方式，来建立自己的根据地。"①

三 国内外研究现状

西方社会对伊丽格瑞的研究从 20 世纪 80 年代开始，迄今为止研究成果丰硕。伊丽格瑞的早期著作《他者女性的窥镜》《非"一"之性》和《性别差异的伦理学》出版之后，立即引发了评论的热潮。学术界的谈论总是缺少不了伊丽格瑞的名字，对伊丽格瑞关注的人群也越来越多。潘妮洛普（Penelope Deutscher）在她的文章中提到："在当代英美女性理论家中，有哪个哲学家的工作能够达到同等的多样性、复杂性和高频率的出现？"② 对伊丽格瑞提出评论的著名哲学家还有伊丽莎白·格罗斯（Elizabeth Grosz）、卡罗琳·伯克、朱迪斯·巴特勒、奈奥米·舒尔（Naomi Schor）、玛格丽特·惠特福德（Margaret Whitford）、简·盖洛普（Jane Gallop）、陶丽·莫依、佳亚特里·斯皮瓦克（Gayatri Spivak）、潘妮洛普和蒂娜·畅特（Tina Chanter）等等，她们中还有学者出版了论述伊丽格瑞思想的专著。伊丽格瑞本人也积极回应了其他学者所提出的问题和质疑。90 年代以后，伊丽格瑞出版

---

① Robert de Beaugrande, In Search of Feminist Discourse: The "Difficult" Case of Luce Irigaray, *College English*, Vol. 50, No. 3, 1988, p. 259.

② Deutscher and Penelope, *Review: I Love to You: Sketch for a Felicity within History by Luce Irigaray*. *Hypatia*, Blackwell Publishing, 1998 (13), p. 170.

了五本以问答形式来书写的专著：《你，我，我们：朝向性别差异的文化》《思考差异：一场和平的革命》《我对你的爱》和《二人行》。同时，在《非"一"之性》中，也专门有一章用来回答读者提出的问题。这些都表明伊丽格瑞的理论已经引起了强烈反响。

迄今为止，从数据库 JSTOR 中搜索到关于伊丽格瑞的文章有 4429 篇之多，评论涉及很多方面，归结起来有如下几大类，第一，评论最激烈的问题就是伊丽格瑞的性差异理论是否带有本质论的嫌疑；第二，是唯物论者对伊丽格瑞的挑战，批评伊丽格瑞的理论是否具有实践意义，以及她的理论是否只限于形而上学领域而不关心女性主义的实践运动；第三，有学者探讨伊丽格瑞在法国理论中地位和作用，他们一致认为伊丽格瑞可以是当之无愧的"三驾马车"之一，也是波伏娃女性理论的合理继承者；第四，有学者追溯伊丽格瑞思想的源头，探索伊丽格瑞和弗洛伊德、拉康、德里达、波伏娃、黑格尔和马克思之间的关系；第五，有学者对伊丽格瑞的伦理思想进行评价和论述；第六，有学者对伊丽格瑞文学写作进行评论。从研究方法上来说，西方学者对于伊丽格瑞思想的研究大致有两种思路，一种是对其思想进行介绍或重新梳理，另一种思路是针对其理论立场和价值判断展开对话，对伊丽格瑞思想提出问题。从研究内容上看，主要分为两大类型，一种是关于伊丽格瑞文学思想的研究，另一种是关于伊丽格瑞女性主义哲学的研究，哲学研究的文献是关于伊丽格瑞和其他思想家比较研究的文章，文献涉及的范围包括形而上学、伦理学、政治学、心理学和宗教哲学等。还有一些介绍伊丽格瑞著作的文章，虽然不是研究专著，但也对伊丽格瑞的某些思想做了详细介绍。

综上所述，西方学者对伊丽格瑞思想的研究有如下两个特点，其一，研究范围广，超出了伦理学学科本身的范围，引起了政治学、社会学和心理学等各级不同学科之间的广泛交流和对话，对话的思想家也不仅仅限于法国国内，她的文章被翻译为英文和中文等各种语言。其二，对伊丽格瑞思想的研究不断深入，大量的学者对伊丽格瑞的思想进行介绍和分析。进入 21 世纪以来，也有一些学者开始分析伊丽格瑞思想的局限性。

国内学者对伊丽格瑞思想的研究，主要关注在"差异"一词上，认为"探讨性别差异是当代哲学的重要使命。这并不仅仅是由于性别差异问题即便不构成一个时代问题，也是最重要的哲学问题之一。性别差异，是当代女性学者的使命"①。"性别差异"是当代哲学研究的一个重要问题，而且围绕这一主题存在着许多哲学争论。"首先应当确定的是，女性主义不应放弃'女性'概念，如果一个女性没有'女性'的指称，便会失去自己应有的社会和话语空间，失去主体地位，成为根本不存在的人。放弃'女性'概念将会使女性主义理论和实践面临更大的危险。'女性'是可以通过避开'父权制二元对立思维结构'和'性别本质论'来定义的。"②而且讨论性别差异有许多途径，例如"伊丽格瑞也对性别差异问题进行了语言学和符号学的探讨，试图摆脱父权制传统，突出母亲的社会秩序，以女性为体验的主体论述女性的欲望，说明女性解放和两性之间理想的伦理关系，把女性主义精神分析学研究纳入到后现代主义学术思潮中来，为其合法地位提供有力的论证"③。

　　国内也有学者探讨了"差异"和"社会平等"问题，并把平等和差异看作是一个两难问题。"女性主义一方面需要以自由主义公民资格之性别中立作为自己的前提，即坚持是否具有公民资格与性别无关；另一方面又需要正视自身的客观差异，避免以一种形式上的齐头式对待反而造成新的不平等。"④而且"在解构主义的女性主义者看来，差异与平等从来就不是二元对立，两者之间也并不是有前者就没有后者，或是有后者就没有前者的对立关系。平等的对立词应是不平等，而差异的对立词应是单一身份认同。差异不应带来不平等，而平等也不必预设相同"⑤。还有学者研究性别差异形成的本质："因此，

---

① 肖巍：《性别差异：当代哲学的重要使命》，《山西师范大学学报》2009年第1期。
② 肖巍：《关于"性别差异"的哲学争论》，《道德与文明》2007年第4期。
③ 肖巍：《性别差异：女性主义精神分析学的探讨》，《中山大学学报》2009年第6期。
④ 宋健丽：《女性的社会平等与性别差异》，《河北学刊》2011年第2期。
⑤ 同上。

男女两性的社会差别是在男女两性的自然差别的基础上人类社会性实践活动的结果，并不能将男女两性的自然差别归结为先天的自然差别。"①

国内有学者从文学角度探讨伊丽格瑞的思想，指出其思想的实践意义："伊里加蕾批判父权社会用单一的男性视角诠释世界，主张独立于男性主体而存在的女性主体，并试图在此基础上建构尊重性别差异的主体交互性，以寻求理想的异性关系模式。"② 国内对于"性别差异"问题研究的专家和学者为数不少，但专门从事研究伊丽格瑞性别差异伦理学思想的学者并不多。由于伊丽格瑞的理论带有西方哲学思想背景和后现代主义色彩，原著多为法语，因此到目前为止我国学者对她的理论尚没有较为系统的研究介绍。在名字的翻译上就没有达成一致，译作"伊里加蕾""伊利加瑞""伊里加拉"等。对于伊丽格瑞思想的研究，基本还处在翻译介绍的阶段。目前为止，国内只出版了伊丽格瑞的译作《二人行》、台湾出版的《此性非一》和河南大学出版社出版的《他者女人的窥镜》；一本书学类著作《差异之美：伊里加蕾的女性主义理论研究》③；四本书学评论研究方面的博士学位论文，华东师范大学张亚婷的《母亲与谋杀：中世纪晚期英国文学中的母性研究》，四川大学林树明的《多维视野中的女性主义文学批评》，华中师范大学魏天真的《女性文学的批判与反思》，清华大学都岚岚的《后回潮时代的美国女性主义第三次浪潮》。

总体看来，国内对伊丽格瑞思想的研究大致有两种思路，一种是对于她的思想进行复述，在把握她部分思想的同时，提出对伊丽格瑞的评价；另一种是积极主动地和伊丽格瑞展开学术对话，对于她所提出的问题和价值判断发表自己的看法。

中译本中，有些虽不是专著，但也对伊丽格瑞部分思想做了详细

---

① 郭艳君：《性别：同质性中的差异——兼谈女性哲学建构之可能性》，《学习与探索》2009年第2期。

② 刘岩：《差异之美：伊里加蕾的女性主义理论研究》，北京大学出版社2010年版，封底。

③ 同上。

介绍。其中包括：其一，中译本《性与文本的政治》[①]，该书介绍了英美和法国女性主义理论，并且主要介绍了波伏娃、西苏、伊丽格瑞和克里斯蒂娃的理论。其中介绍了伊丽格瑞《他者女性的窥镜》的内容及影响。其二，《女性主义文论》[②]，书中介绍了伊丽格瑞创建女性语言的努力。其三，《女性主义思潮导论》[③]，该书介绍了西克苏、克里斯蒂娃和伊丽格瑞的思想，追溯了她们与拉康的精神分析和德里达的解构主义的关系，介绍了伊丽格瑞的内视镜、女性性征等观点。其四，《政治学与女性主义》[④]，书中介绍了第三波女性主义浪潮的差异理论和伊丽格瑞的部分思想。对伊丽格瑞的文章进行选编的包括：《当代女性主义文学批评》[⑤]中选编翻译了《性别差异》一文。《后现代性的哲学话语——从福柯到赛义德》[⑥]中编译了《非"一"之性》和《话语的权力和女性的从属》两篇文章。《女性身份研读》和《母亲身份研究读本》收录了《非"一"之性》，《性别差异》等五篇英文文章。这些研究和评论基本上都集中在文学评论领域，对于伊丽格瑞哲学和伦理学的研究，还是比较罕见的。

　　国内研究伊丽格瑞思想的文章主要有：《露丝·伊里加蕾：法国后现代女性主义者》《露西·伊丽格瑞：性差异的女性哲学》《性别差异的伦理学——伊瑞格瑞女性主义伦理思想研究》《露丝·伊丽格瑞的女性主体性建构之维》《依利加雷性差异理论的解构策略和建构意图》《从波伏娃的"他者"到依利加雷的"他者"》《依利加雷对列维那斯他者伦理学的女性主义批判》和《女性自我发现与自我实现

[①] [挪威] 陶丽·莫依：《性与文本的政治》，林建法、赵拓译，时代文艺出版社1992年版。

[②] 张岩冰：《女性主义文论》，山东教育出版社1998年版。

[③] [美] 罗斯玛丽·帕特南·童：《女性主义思潮导论》，艾晓明等译，华中师范大学出版社2002年版。

[④] [加拿大] 巴巴拉·阿内尔：《政治学与女性主义》，郭夏娟译，东方出版社2005年版。

[⑤] 张京媛主编：《当代女性主义文学批评》，北京大学出版社1992年版。

[⑥] 马海良译：《后现代性的哲学话语——从福柯到赛义德》，浙江人民出版社2000年版。

的乌托邦——伊丽格瑞的性别差异概念评介》。其中两篇比较重要的论文是《露丝·伊里加蕾：法国后现代女性主义者》和《露西·伊丽格瑞：性差异的女性哲学》。《露丝·伊里加蕾：法国后现代女性主义者》介绍了伊丽格瑞的观点，指出女性在父权社会中受压迫的地位以及女性的商品性价值。《露西·伊丽格瑞：性差异的女性哲学》一文总结了伊丽格瑞思想的五个阶段。

可以看出，国内对于伊丽格瑞的研究正处于发展阶段。尽管国内学者已经发表了一系列的著述从不同的角度论述伊丽格瑞的思想，但都是局部性的，零散的。总体来看，国内对伊丽格瑞的研究有以下几个特征：

第一，研究起步较晚，发展缓慢。除了伊丽格瑞名字的翻译还没有得到统一之外，著作的翻译有限。伊丽格瑞的文章大多是用法语或意大利语写成的，但基本上所有的著作和文章都已经有了英译本，但中译本却寥寥无几。这种状况导致对于研究伊丽格瑞思想研究的困难。

第二，研究分散在各个领域，缺乏系统性。国内最早对伊丽格瑞思想进行介绍的是文学界，主要介绍伊丽格瑞女性批判的写作方式，并以此方式解读西方文学作品。这些研究也介绍伊丽格瑞"女人腔"的建构特点，希望女性主义写作领域能够在国内得到长足发展。其次是比较文学领域。该领域内的学者虽然没有对伊丽格瑞的理论进行系统的阐述和说明，但是已经把伊丽格瑞放入法国思想传统中进行比较。此外，还把伊丽格瑞与这些哲学家进行比较说明：拉康、德里达、波伏娃、西克苏、克里斯蒂娃、巴特勒等。最后才是哲学领域。国内的学者试图介绍伊丽格瑞关于女性身份本质的论述，介绍她女性差异的思想以及差异伦理学的主要内容，试图思考这种伦理与以往正义伦理、美德伦理的不同，思考这种"双主体"差异伦理的实践意义。

第三，研究以引进国外思想为主，缺乏独立创新。国内对伊丽格瑞思想的研究还主要停留在翻译、介绍的阶段，缺乏深入的理论体系的研究和独立创新的思考。发表的专著屈指可数，《他者女性的窥镜》

虽然有了中译本，但其中比较难懂的哲学批判部分，更是缺乏研究。在这种现状下，我们需要不断的努力和持久的坚持，对伊丽格瑞在西方产生轰动效应的学说进行全面的研究和创新性的独立思考，这也是本书写作的原因之一。

四 本书结构与研究方法

本书试图以五章来完成对伊丽格瑞"性别差异"思想的探讨。绪论部分首先梳理两个问题：其一，女性主义理论的发展进程，女性主义发展的历史有其自身渊源和不同时期的不同特征，尤其是第三次女性主义浪潮有很强的理论特征，其中伊丽格瑞"性别差异"思想的提出，具有跨时代性的意义。其二，简要介绍女性主义对"普遍性"和"差异性"问题的讨论，在论述"性别差异"问题时重点介绍伊丽格瑞性别差异伦理学的研究背景、现状以及理论和实践意义。

第一章主要介绍伊丽格瑞定义的"性别差异"概念，以及梳理该概念的思想来源与现实意义。"性别差异"的第一层意思是男性与女性的差异，第二层的含义是女性内部的差异性。关于"性别差异"的来源，伊丽格瑞从柏拉图开始追溯。她探讨了《会饮篇》中狄奥提玛关于"爱"的论述，分析了亚里士多德有关"空间"的概念。她指出要回到性别平等，就需要回到笛卡儿的第一感情"好奇"。在分析了斯宾诺莎关于因果链条中肉体和思想的关系问题之后，伊丽格瑞开始了对现代哲学的借鉴与批判。首先，伊丽格瑞对弗洛伊德的精神分析方法进行了批判式。其次，她对拉康"镜像说"的评价。伊丽格瑞和拉康的思想关系很密切，她从拉康那里接受了有关语言和欲望思辨关系的理论。再次，她对德里达解构主义哲学思想的评价。德里达利用语言学批判了西方文化二元对立的思维模式。他认为这种模式将人类分为男性和女性，而女性却被置于男性的对立面和从属地位，这本身就是对女性的贬低和不尊重。最后，对比波伏娃《第二性》中的思想，发现伊丽格瑞和波伏娃的思想竟具有惊人的相似之处，尽管她本人并不这样认为。

第二章是本书的重点之一，主要介绍伊丽格瑞关于女性主体身份的论述，这也是对女性自身的本体论探讨。在伊丽格瑞看来，女性性征总是在男性参数基础上被概念化的。她否定了弗洛伊德的观点，对女性性征作出了创造性的定义，女性并非只有一个性器官，她至少有两个，甚至有许多个性器官。"女性的性征是多重的"。关于"女性气质"，伊丽格瑞提出了女性标志性的"双唇"和"黏液"概念，她认为女性被剥夺了女性气质，丧失了建构自己空间的维度。女性应该从自身的影像中重新发现自我，寻找女性"身份"，进而走出由男性统治的语言、政治和思维模式。最后介绍同时代女性主义学者对女性身份的定义，从而分析伊丽格瑞对女性身份定义的过程中，是否真的带有本质主义的特征，包括与雅克—阿兰米勒（Jaques-Alain Miller）"面具"理论、巴特勒的"表演性"和德里达的"引用"比喻解释等理论的比较。

　　第三章介绍性别差异的语言学和政治实践。伊丽格瑞认为，性别差异的原因不仅是由于生理上的差别，还存在社会的因素，例如男性统治下的语言和政治。伊丽格瑞在对解构理论与精神分析的借鉴与批判基础上发展了一种"女人腔"。她认为，要实现女性真正意义上的解放，必须有女性自我言说的方式，因为在传统的男性语言中，女性无法准确真实地表达自我的感受。关于政治实践，伊丽格瑞唯一强调的是，要在寻找女性身份这个哲学本体论的基础上，才能真正实现男女政治上的平等。女性不能只局限于某些眼前权力的得失而忘却了女性自我。只有确立了女性的主体身份，才能有希望建立一种尊重女性，尊重差异的理想化政治体系。

　　第四章论述伊丽格瑞对其伦理学进行的构建——性别差异伦理学。她认为男女两性相处时应该对对方充满好奇，这是性别差异的根本。男女两性的纽带应该既是横向的也是纵向的，既是精神的也是肉体的。为此要建立一个地方可以供性别、肉体和灵魂同生共处，既携带过去的记忆，又承载对未来的希望，还能沟通现在，消除身份差异。伊丽格瑞呼吁寻找两性结合的空间和可能性，在"双主体"中建立一种和谐的、尊重性别差异的伦理模式。"两性之爱""同等之爱"和"他者之爱"是这个模式中最为重要的核心部分。伊丽格瑞希望女性不再沉默，女性能够通过自我身份的确立来发展一种伦理模式，这种模式是从女性视角出发建立的，从而来补充或弥补传统伦理模式中对女性的忽略。女性能够真正在"爱"的基础上建立起一种达到两性和谐的伦理模式，使世界走向一个更为普遍、更为真实的文明时代。

第五章阐述差异伦理学在当代伦理学中的意义和对中国女性主义哲学发展的影响。

本书研究方法主要体现在：（1）谱系学研究方法。尼采开创了谱系学的研究方法，这种方法反对把观念的历史看成主体的、整体的、连续性的历史，认为应该运用考古学的方法发掘观念分非连续的、片断的同时性结构，并说明结构中的转换与断裂。对非连续性和连续性两者不强调其任何一方，而是把历时性看成断裂的连续。伊丽格瑞的《性别和谱系学》，主要也是用这种方法来追溯女性发展的历史。对于人文学科来说，历史叙事的方式更符合人文学科的性质。（2）精神分析研究方法。弗洛伊德创建的精神分析是治疗神经症的一种方法，解释人的精神和心理结构。伊丽格瑞不仅谈论了许多关于弗洛伊德女性主体的论述，而且她参加了雅克·拉康的心理分析研修班，专门从事过这方面的学习和研究。所以想真正理解和解释伊丽格瑞的思想，还需把握好精神分析的方法。（3）语言分析学研究方法。在伊丽格瑞的思想中有很多关于语言分析的成分，关注语言行为中的性差异问题。这就需要分析哲学中逻辑的分析方法，对语言进行逻辑分析。（4）解构主义研究方法。伊丽格瑞的论述还涉及解构主义的方法，分析伊丽格瑞的著作，要对该方法有所把握。本书试图借鉴对伊丽格瑞性别差异伦理学的研究，为伦理学的发展提出新的思路，新的研究范式和新的问题。

伊丽格瑞提出的"性别差异"问题是一个跨时代的问题。"性别差异"概念是女性主义和后现代哲学相结合的产物。关注两性的差异，关注女性内部的差异，是性别差异伦理学的核心概念。性别差异伦理旨在研究人与人之间最基本的形式——男性和女性——的关系问题。如果男女两性能够建立起一种和谐的关系，那么自我和他者，自我和社会，自我和世界，甚至自我和自然的和谐关系，也就随之可以建立起来。本书试图通过对伊丽格瑞生平和著作的梳理，为准确把握其思想提供一个背景知识；通过梳理西方和国内对伊丽格瑞理论的研究状态，指出伊丽格瑞在西方世界产生的巨大影响，同时也指出国内研究和西方世界相比存在的差距。这种差距正是国内学者需要努力的目标，也是本书写作的目的。本书希望通过系统的介绍和研究伊丽格瑞的"性别差异"的理论，呼吁国人对伊丽格瑞的重视，思考"性别差异"伦理学中所关注的"同等之爱"和"他者之爱"，为国内伦理学界提供一种新的女性主义研究的视角，关注女性，关注"他者"，关注"差异"，为和谐社会的建设提供理论参考。

第一章

"性别差异"概念的思想根源与现实意义

如前所述,伊丽格瑞认为性别差异问题就是我们这个时代需要思考的问题,思考它会使我们得到"拯救"。在她看来,轰轰烈烈的女性主义运动仅仅是在政治上取得了一定的成果,只是获得了某些权力的特许,并没有真正建立起新的价值体系。女性主义学者的思考方式仍然停留在批判的领域,对社会意识基础的建构还需要漫长的道路。伊丽格瑞认为要解决这些问题,就要从根本上认识性别差异。她的性别差异理论,希望能够重新解释一切关系,主体和话语、主体和世界、主体和宇宙的关系、微观世界和宏观世界的关系,也希望能够重新解释以男性主体形式书写的一切,甚至包括那些称为"普遍"或"中性"的书写。"性别差异"首先关注的第一层意思是男女两性的差异,第二层的含义是女性内部个体由于阶级、种族、国籍等因素形成的个体差异。为了能够重新思考这种"性别差异",使其恢复生机,伊丽格瑞追溯了整个哲学史。

第一节 "性别差异"概念与现实意义

伊丽格瑞认为要明确性别差异概念,首先要思考和明确时间和空间、肉体和心灵的关系问题。这两种关系问题的思考,真正证实了性别差异的存在。关于时空问题,她这样描述道:"时间成为主体内部自身，空间在其外部。时间是主体的掌控者，成为世界秩序的核心。"① 在传统的社会中，女性被看作是空间性的，但女性是没有时间主体的，也没有寻找主体的动力，一直以来女性处于被支配的位置。上帝赐予男性完全主人的性质，把女性的权力消除掉了。要摆脱这种主奴关系，女性首先要思考的是女性主体自身和女性对空间的占有。伊丽格瑞认为，从形态学上讲，女性有两张嘴、两双唇，但是只有当她的子宫和胎儿有关系时，她才以这种形态学的形式产生意义。女性需要容积为自我创造空间，而不仅是为他人提供空间，所以必须重新思考关于女性主体和空间的概念。

女性的空间与传统的空间形式不同，女性的性总是半开的。女性的性征以"双唇"为标志，微微张开，却又不同于传统的二分法。自我和"他者"的关系既不是二分也不是对立，而是像"双唇"那样彼此相互依存，相互关爱。女性的"双唇"并不是把世界吸入自身，而是提供一个欢迎的形状。它不是同化、减少或吞没，而是指向了一个空间，一个两性和谐的空间。这是女性性征的特点：女性有两张嘴、两双唇，嘴唇和阴唇并不指向同一个方向，两双唇像是交叉的十字架，指向了水平和垂直两个方向，世界的两个维度。两性之间以拥抱的形式结合在一起，超越所有的限制。但这种"双唇"式的拥抱不是吞没对方，而是双方在仍然可以找到自我、保持自我主体性的一种拥抱。在两性双方架起桥梁的是上帝，是充满神性的爱。"爱"到处都能够显示它的卓越，把相互差异的两性双方联系在一起。在"爱"中，肉体和灵魂达到了无限的统一，这种无差别的"爱"，尊重女性的差异，尊重他者个体的差异，是一个对立双方的中间状态，正如柏拉图在《会饮篇》中提到的狄奥提玛的"爱"。

关于肉体和灵魂的关系问题，伊丽格瑞认为必须回到笛卡儿的第一情感：好奇。这种情感没有相对的或矛盾的，而且好像总是在第一次相遇时存在。第一次相遇时两性主体对"对方"充满了好奇，这时

---

① Luce Irigaray, Trans. Carolyn Burke and Gillian C. Gill, *An Ethics of Sexual Difference*, London: The Athlone Press, 1993, p. 7.

两性主体的地位不可相互替代。女性永远都不会处在男性的位置，男性也不会处在女性的位置，男女两性具有不同的身份。"好奇"保持了男女两性法定范围内的自主权，保持了他们各自的自由和相互吸引的空间，也使男女两性形成分开和结盟的可能。我们必须重新审视历史，才能够理解性别差异没有发展起来的原因。伊丽格瑞认为，女性缺乏讨论身体和灵魂的关系、性行为和精神行为的关系，上帝、内心和外部世界的关系等。伊丽格瑞提出"性别或性欲伦理需要天使和身体一起被发现"。我们需要重新建造世界，在新世界中两性爱的起源才会显现出各种维度。在新的世界中，男女两性平等地生活在一起，居住在一起，用同一种语言进行诉说和交流。男女两性才能从水平和垂直两个维度进行重新联合。如海德格尔所述，必须在神和人之间建立一个联盟，两性相遇才会成为可能。两性的这种联盟不是主奴关系，也不是遵守神父制定的法律，更不是男性单一性别代言的传统。

第二节 西方哲学史中的"性别差异"

为了寻找性别差异的思想来源，伊丽格瑞追溯了整个西方哲学史，详细论述了柏拉图关于"爱"看法，笛卡儿有关第一情感"好奇"理论，弗洛伊德精神分析的论述、拉康的结构主义、德里达的解构主义和萨特的存在主义等。伊丽格瑞批判地吸收了西方哲学史中的相关思想，建立起自己的性别差异理论。

一 柏拉图的"爱"概念

伊丽格瑞认为，性别差异概念的思想源头来自柏拉图的"爱"。这种"爱"是一种双方的、中性的和中间状态的。她赞同《会饮篇》中狄奥提玛对"爱"的论述。当苏格拉底开始探讨"爱"的概念时，柏拉图借一位女性狄奥提玛之口来论述"爱"。这位女性始终并没有出现在宴会现场，也没有参加男性们的讨论，只是由苏格拉底转述了她的话语。苏格拉底赞美狄奥提玛的智慧，并且声明在谈到"爱"

时，狄奥提玛是他的启发者。狄奥提玛不是柏拉图书中唯一提到的女性，但却是苏格拉底赞许的女性。她关于"爱"的智慧是苏格拉底最为赞赏的。她的思想是非常辩证的，但又不同于我们今天所说的黑格尔的辩证法。她的方法并不是毁灭或解体对立双方而建立一个综合体，而是建立了一个中间状态，展现一种已经存在的中间项。在她看来，"爱"总是趋于更完美或趋于对"爱"的追寻当中。"爱"是一种对立双方的中间状态，富有/贫穷、无知/智慧、丑陋/美丽、肮脏/整洁、死亡/生命等。"爱"是一位哲学家和一个哲理。哲学是对爱的追寻，对美的爱，对智慧的爱。智慧是最美的事物之一，像爱一样，哲学家是一个赤脚的流浪儿，在星光下出行寻找着与实在的偶遇、拥抱，寻找着知识的来源，寻找着仁慈、美丽和智慧。"爱"是具有无限的好奇、欲望和对美、对智慧追求。

狄奥提玛以一种全新的方式论述"爱"的起因。她的论述不以传统的因果思维模式，因为这种模式常常会忽略事物的中间状态。狄奥提玛引入动物世界生殖主体的概念，为"爱"寻找到了原因：生育。这也是伊丽格瑞唯一认为不妥之处。因为生育会使"爱"失去它精灵的特征，会模糊肉体"爱"和灵魂"爱"的界限。如果爱失去了它的神性，它的通灵性，就不能称为真正的爱。生育会使子女作为爱的终点，代替了男女两性之间的爱。爱成为一种责任，一种人类达到永生的途径。这里的"爱"失去了它的媒介功能，以至于它不再是个精灵，而只是个目的，这是"爱"的失败。如果一对爱人不能守护"爱"的空间作为他们之间的中间状态，那么他们既可以不再做爱人，也可以不再为对方生育子女。"爱"应该是传播的媒介，如果生殖成为它的目标，就会有失去内在动力的危险。

"爱"作为一种中间者，联系着彼此相爱的双方。如果相爱双方的中间者消失了，两性间的"爱"也就不存在了。如果"爱"仅仅是以生殖为目的，两性之间就剩下目的、竞争、爱的责任，那么"爱人"就不存在了。传统中爱人之间没有生育是被视为无价值的，但"爱"不仅仅是以生育为目的，生育只是"爱"的过程中的附属品。"爱"应该是一个中间者，一个精灵，一个不可缺少的媒介，它连接着爱人之间肉体上的欲望和精神上的责任与意愿。"爱"以精灵的形式朝向美和善,在"绘画"和"音乐"中,还保留了原始的、两性之间无差别的"爱"。它常常以丘比特或天使的形式出现在艺术当中,但"爱"本身是不可能从性爱和神爱之间分离,相爱双方之间的中间状态才是"爱"。

伊丽格瑞对柏拉图的"爱"是比较赞同的。她也认为,"爱"是一种中间状态,是两性沟通的桥梁和媒介。"爱"是精灵,是无限追求真、善、美。她不同意把生育子女作为两性相爱双方的中间者,是因为她认为两性在生育子女之前就产生了"爱"。"爱"一直是两性相处的媒介,在"爱"的桥梁中,两性平等地共处。如果让子女取代"爱"而作为两性之间的中间者,就会使"爱"失去神性而只保留下性爱的部分。

二 亚里士多德的"空间"概念

在伊丽格瑞看来,女性就是空间,但从未被男性所承认。对于女性来讲,她的身体结构特征允许她作为一个空间在空间里移动。女性空间的界限比较复杂,它不仅可以适合女性自身,还可以欢迎他者。女性的空间不是诱人的装饰,也不是她的皮囊。女性只是缺少一个容纳自我的容器,因此常常被认为并不占有空间。为了证明女性同样占有"时间"和"空间",她重新审视亚里士多德关于"空间"的第一个定义:"恰如物体皆在空间里一样,空间里也是都有物体。那么我们应该如何来说明关于生长的事物呢?根据这里的前提得出的结论应该是:每一生长事物的空间必须和它们一起长大,既然每一事物的空间不大于也不小于每一事物。"[1]

亚里士多德强调,在地点的转换过程中必须区别"每一物体适合和最初的位置置于何处"。他认为宇宙包含了一切,天空、空气、大地。每一个人都有一个空间,这个空间仅仅包含着他自己。身体的皮囊描述着我们和另外一个事物的界限,身体的轮廓决定着身体的大

---

[1] [古希腊]亚里士多德:《物理学》,张竹明译,商务印书馆1982年版,第95页。

小，使它不能被他人代替。根据亚里士多德的观点，事物在不同的形式中成长，这种成长和它自身并不相反，这种成长是在空间内部的。每一个人都独立的占有着自己的空间，当然女人也不例外。

从某种程度上讲，空间是形式和质料的"本性"。伊丽格瑞如果想要证实女性也占有空间的话，必须考察关于空间的第二个定义，即非形式非质料："因为事物的形式和质料是不能脱离事物的，而空间是能脱离事物的。如我们已经说过的，空气原来在那里，接着水也来到那里。水和空气相互替换，别的事物也是如此。因此每一事物的空间既不是事物的部分，也不是事物的状况，而是可以和事物分离的。空间被认为像容器之类的东西，因为容器是可以移动的空间。而不是内容物的部分或现状。那么既然空间是可以同内容物相分离的，它就不是形式；既然它是包含别的事物的，它就不同于质料。"[①] 亚里士多德的这段话语意味着从成长和变化的方面来看，空间不是事物的质料和形式。质料和形式不会和事物相脱离，而空间却可以。空间显示为一种可分离性的结果，它不会倒退到形式或质料的状态，呈现的方式就像一个器皿，它既不和事物一起延伸，也不附着于事物，它是移动的。这种既不是形式也不是质料的附着，也证明了事物适合于某地是事物本质之一。在这种状态下的事物才是"事物"，而不单单指事物本身。空间不是事物，但它是允许事物成为以现在形式存在的空间。

空间有别于质料和形式的独立性，也可以理解为空间本身朝向运动。当和空间分离时，事物感觉到空间的引力。伊丽格瑞认为，如果以这种方式思考空间和性别差异的问题，就很容易解释男性会受到母亲作为空间的吸引，但这样却难以解释男性对女性的吸引。男性如果想要吸引女性，按照亚里士多德的说法，男性也需要把自身建构成一个器皿来欢迎他者。但是男性的形态学并不适合这样的空间，他必须让自身和女性分离，才能建造自己的空间来容纳他者，但这显然是不可能的。如果男女两性相遇是可能的，每次相遇都要有一个空间，这个空间对于双方都是适当的。那么根据亚里士多德的观点，这样的空

[①] [古希腊] 亚里士多德：《物理学》，张竹明译，商务印书馆1982年版，第96页。

间和他物相比，应该被通过上下维度特征化，这样的空间实际上和重力自然法则和欲望结构相一致。但是空间的运动形式是上下运动还是扩张和收缩，要看亚里士多德对空间性质的另一种说明："如果空间是在某物内（如果它是形式或质料就必然如此），那么就会有空间在空间里了。因为形式和不确定者即质料，都是和事物运动变化的，而且不是永远固定在同一个地方，而是事物在哪里它也在哪里，因此就会有空间的空间了。"①

亚里士多德的这段描述中讲述了空间的第三个定义，即空间中的空间。如果空间在某物内的情况下，空间就在空间里了，存在一种空间中的空间。因为形式和质料是随事物变化而变化的，它们不会永远随事物运动。空间则不同，空间在事物中，事物在空间中。空间既在内部又在外部，并且伴随着运动，向无限延伸，每一个空间之外都有一个空间。如果按照以上定义，伊丽格瑞很容易得出女性是容器，也占有空间。因为女性在空间外，又在空间内，是一个占有空间的空间。女性可以包裹他者，在自身内部存在以下两种事物，她自身和以她为容器的他者。她能作为子女的容器，也许还能作为男性（性器官）的容器，但问题是女性如何作为自我的容器。伊丽格瑞认为女性是可以具有三种容器特征的："显然她不能以同样的方式作为男性和子女的容器。她不是同样的'容器'。这里对容器的定义还不够复杂。这些当中存在着竞争：——作为子女的容器，——作为男性的容器，——作为她自身的容器。"②

伊丽格瑞分析了这三种容器的性征，认为传统思想中第一个空间是唯一道德的，也是唯一体现女性价值的。第二个空间仅仅是朝向第一种空间的方式，一个通道，并不是真正意义上的空间。第三种空间是完全禁止或根本不可能的。女性只能把母亲内化为自身作为一个容器，它仅仅是一个理想化的存在，也包括空间的理想化。女性作为一

---

① ［古希腊］亚里士多德：《物理学》，张竹明译，商务印书馆1982年版，第97页。
② Luce Irigaray, Trans. Carolyn Burke and Gillian C. Gill, *An Ethics of Sexual Difference*, London: The Athlone Press, 1993, p.41.

个容器，永远都是敞开的。女性作为容器的两种形式，一种是子宫孕育胎儿的形式。在这种形式中，男性认为女性不占有空间，只提供空间，空间是为男性准备的而不是为女性自己，女性的快感也只存在于和生殖相关的事物当中。男性从两个方面评价女性并不占有空间，一方面是女性和液体有关，另一方面是女性和胎儿有关。伊丽格瑞指出，事实上在这个容器内，子女是运动着的，女性也能感受到非生殖方面的性快感。男性的这种评价剥夺了女性占有空间的本质。女性本身所占有的空间，但被男性忽略了。

女性作为容器的第二种形式，是性行为过程中为男性提供的空间。这个空间是两性亲密的产物。在这种形式中，男性更加不认为女性占有空间，女性的空间只是为男性提供服务。如果容器为女性自身提供空间，她会在空间中再次被容纳到空间里，女性自身会被她构想的时空编织物再次容纳。伊丽格瑞指出，事实上女性在两性性行为的过程当中，也存在着扩张和收缩，也存在着生殖以外的性快感。但这些都是男性所不能体会的，也是被男性忽略的。伊丽格瑞认为两性的性行为过程是空间的改造过程，女性在这个过程中是存在性快感的，虽然表面上一直处于被动的地位。传统的思想认为，两性的性行为是为了生育后代，而不是为了空间的改造，但事实上在性行为中发生着一个空间的毁灭，通过通道而到达另一个空间。关于性行为过程中的空间问题，不是削减也不是毁灭，而是和空间有关的有规律的变化，这像亚里士多德所说的"空间的破灭"。在两性的关系中，子宫是子女的容器。女性的性（器官）是男性性（器官）的容器，女性的性（器官）既不是质料也不是形式，而是容器。因此在女性的范围内，她既是质料也是形式，是子女让子宫得到延伸，性关系也常常被想象为子女和子宫的关系。在女性领域也会存在性行为，女性为男性（器官）提供一个容器。传统上总是混淆女性的性行为，认为它是处于被动的，但两性混合的联系是超越形式、超越遗传的。伊丽格瑞认为是男性害怕丢掉性行为中的控制权，才一直让女性处于被动的地位。

接着，亚里士多德给出了关于空间的第四个定义，即运动性和可分离性："空间仍是事物的直接包围者。空间不是事物的部分。原处的空间既不小,也不大于事物。空间可以在内部事物离开后留下,因为是可分离的。"① "但是如果事物和它的包围者是可分离的,是相互接触着,事物就是直接在包围着它的物体的内面里,而这个面既不是内容物的一部分,也不比它大,而是一样大,因为事物相互接触时,接触面是一致的。……如果一事物同另外的事物是连接着的,它就不是在那个事物里运动,而是和那个事物一起运动着。如果它是可分离的,它就在那个事物里运动着。包围着的事物是否在运动,那是没有什么关系的。"② 关于空间的可分离性和运动性,伊丽格瑞用母亲孕育胎儿的过程进行对比论述,说明女性是占有空间的。在怀孕期间,如果子宫未能准确地适应胎儿,她和胎儿的关系会产生变化,子宫以不断地运动来适应胎儿。运动可以是"位移"或"增加或减少",在子宫里内的子女不断地改变着空间。在女性身体里时,男性也不断地改变着空间。相对于包裹它们的皮肤来讲,变大或变小。事实上与胎儿和子宫的关系一样,也是在运动。

伊丽格瑞认为女性占有空间问题需要从两个方面来思考。首先是胎儿和子宫的关系,胎儿和它寄居的身体是统一的,他们通过液体媒介保持某种连续性。胎儿还幻想自己是母亲身体的一部分,胎儿是整体的局部。事实上胎儿也属于母体,由母体来喂养,直到其出世。其次是性行为过程中的空间问题。阴茎的运动是和另一个整体有关的,它是双重的,既是自身又是他者。在性行为关系的空间里,有无数次的穿越皮肤、毛孔,对他者和液体的知觉,通过穿越黏膜与他人分享体液的方式。事物相互接触时,接触面是一致的,胎儿和空间的关系,还有男性(器官)和女性(器官)的关系,都是身体和子宫和阴道的关系,它们始终保持着接触面的一致性。"适应和分离"是两性在各自不同维度相遇的界限,伴随着无限的反复。

伊丽格瑞还进一步对女性的"空间""形式""间隙"三者之间的关系作了区别:"第一,空间不是形式。形式包围着事物,所以看

---

① [古希腊] 亚里士多德:《物理学》,张竹明译,商务印书馆1982年版,第100页。
② 同上。

起来似乎是空间：包围者和被包围者的界面是同一个。事实上形式和空间都是界限。形式是事物的界限，空间是包围物体的界限。第二，空间不是间隙（某种延伸和极点之间）。当内容物变动时，容器是不动的。间隙是两个界限的中间地带，显现为独立于内容物的某事物。不仅如此，间隙在一个物体或其他物体的空间里产生，成为物体的一部分并且可以移动，它的本质就是成为联结的部分。物体的改变和间隙的修正代表着欲望结构中的重要问题。位移和间隙的减少是欲望的运动（甚至通过扩大和缩小的运动）。欲望越大，在获得它的同时需要克服的间隙越大。形体的改变也许会产生间隙？避免间隙是欲望的目标，位移的动力。当皮肤接触时，间隙接近于零。当考虑到通道的黏膜时，就不是零了。或是通过皮肤的接触。欲望的问题是抑制间隙而非其他。因为欲望可以占满空间，通过以子宫模型的方式回归他者，或通过某种方式消灭其他存在。如果欲望存在，就必须需要双倍的空间，双倍的皮囊。或者上帝包括间隙，把间隙推向前方和无限，不可规约的。开启宇宙，一切都超越它。在这种意义上，间隙会产生空间。"[1]

伊丽格瑞认为女性的性（器官）以"深洞"为特征。在无限小和无限大之间波动，子宫更是以空间为特征，子宫中展示了间隙和脐带的功能。女性的子宫可以看作是身体的"容器"，如果没有外部界限，欲望可以无限地延伸。在性行为中，当穿越黏膜、容器和肉体时，容器的界限不是皮肤，而是女性肉体本身。女性的身体占有空间，子宫是空间中的空间。男性需要让女性参与社会活动，并将她解放出来，这样女性对空间的占有，才会更加明显。

在性爱过程中，男女两性的联合被看作是一个整体。部分之间相互包含并且并不损害他者是可能的。两者之间双向的旅程，变成相互包裹的空间。空间中的部分来回穿越，是为了变成相互补充的时空，而不是相互削减和消灭。两者在运动过程中会产生相互包裹，两者都

---

[1] Luce Irigaray, Trans. Carolyn Burke and Gillian C. Gill, *An Ethics of Sexual Difference*, London: The Athlone Press, 1993, pp. 47-48.

在一个整体中运动。两者也经常破坏他者的空间，以这种方式来构成整体。但它们构成的仅仅是一个虚幻的整体，破坏了两者相遇和两者间具有吸引力的间隙。事实上，整体并不改变空间，而是在做循环运动。男女两性之间的爱也是同样在做循环运动，它和爱的建构、美的建构、世界的建构一样。循环运动的事物会和其他事物产生关系，这种关系既在又不在相同的空间，一方在另一方的包裹中。为了给予对方，彼此把他者看作是一个占有空间的容器。

伊丽格瑞进行充分的分析和说明后，认为女性既是空间又占有空间，这些并不违背亚里士多德最初关于空间的定义，只不过是被传统的解释忽略和遗忘了女性的部分。

三 笛卡儿的"好奇"概念

伊丽格瑞认为，要寻找性别差异的根本来源、建立性别差异伦理，就必须追溯到笛卡儿关于第一情感的论述，即男女间的"好奇"："第一情感不仅生活中不可缺少，创造伦理学更是不可或缺，尤其是性别差异的伦理。这个他者，男性或女性，会使我们一次又一次地感到惊奇，每次出现都是新的，不同于我们认为的他（或她）应该是的样子。这就意味着我们会寻觅他者，停下来去关注他（或她），通过询问来更为接近自己。你是谁？我非常（而且变得非常）感激这个问题。好奇超出了适合（或者不适合）我们。他者从不简单地适合我们。如果他（或她）完全适合了我们，那么我们在某种方式上迫使了他们。过分地压制：他者的存在，形成了一种空间，在这个空间里允许联合，这种联合抵抗了同化（或者消解）相似性。"[①]

"好奇"使对立双方相互吸引，并且对立双方仍旧保持着原有的自主性。人类被那些未被了解的事物所吸引，被好奇所吸引。在"好奇"中，人类既不在过去，也不在未来，"好奇"使主体通向两个封闭的世界，两个时空，两个时代，两个他者。"好奇"是把自我作为

---

① Luce Irigaray, Trans. Carolyn Burke and Gillian C. Gill, *An Ethics of Sexual Difference*, London: The Athlone Press, 1993, p. 74.

实体去追寻，无论这种追寻是否成功。"好奇"预示着一个即将到来的、一个新故事的开始。

笛卡儿这样定义"好奇"："好奇，是一个评价的集合（或是对我们好奇的最大的或是最小的对象的蔑视）。我们因此会重估或是藐视自我，从遇到这些情感开始，形成慷慨或骄傲的习惯，或是形成谦虚或卑贱的习惯。"① "好奇"使主体进入了对立、矛盾的世界，可以激发重估、慷慨，甚至骄傲，也会引起小小的轻蔑、谦虚，甚至卑贱。伊丽格瑞认为这是笛卡儿关于"好奇"的量化测量，而性别差异和母亲对子女慷慨的爱，都是不可以被量化的。事实上，"欲望"是引起"好奇"这种情感的主要原因，是第一动力。"欲望"有时认为这方面比较重要，有时认为那方便比较重要，它不会停留在把世界一分为二当中。在主体和世界之间，"好奇"和"欲望"占据了自由的空间。在既定的言说方式中，主体是世界的主人，对象的主人，他者的主人。"好奇"是光亮的瞬间，存在于主体和世界之间："好奇，是灵魂的一次突然的惊奇。当一个罕见的、非凡的客体出现时，灵魂凝聚思索它。这种惊讶的主要起因是我们大脑中留存的印象，它告诉我们客体的非常少见而且值得关注；然后印象调动动物精神的运动，使它以最大的力量把所见客体的印象送到大脑的某个部位，以便加强和保护这种印象；同时也会调动肌肉的运动，使感官做出相应的反响，来保持印象形成时的样子。"② 笛卡儿把印象的位置放在了大脑里，他认为：第一，"好奇"是惊讶引起的，这种少见又非凡的客体突然出现并留有印象，是在不可触及的大脑里引发的。"好奇"标记了一个新的空间，也表明了精神朝向这个新空间的运动是为了加强和保留这种印象。"好奇"的力量来源于惊讶和新事物，它不会在心脏和血液中引起任何改变，决定事物善恶、好坏。它纯粹只是大脑的印象和知识上的补充，纯粹是发现问题和寻找问题的过程。好奇只是一种知识的

---

① ［法］笛卡儿：《笛卡儿思辨哲学》，尚新建等译，九州出版社2004年版，第358页。
② 同上。

欲望，它的力量源泉来源于某物或者某人新的外表引起了主体的精神运动。"好奇"运动的开始阶段，动力就比其他形式的运动强烈。"好奇"的力量来源于印象空间的情感本性，这个特征增加了运动的兴奋程度。

第二，"好奇"是对理解力和记忆力的证明。过分地产生好奇，是因为理解力的缺失，这会阻止理性的使用。"好奇没有相反面，也将会是年轻的激情，它会适合于在其中自我获得最大的自由。如果意志可以补充好奇，会通过两种方式加强理解力：多样形式的知识和对那些罕见且奇怪表象的思考来治疗过度的好奇为了不只注视在一个罕见的客体上，主体会自动朝向一些新的客体。"[1]笛卡儿以心理学的语言来描述好奇，将好奇置于物理学和心理学的交汇处，建造出一套关于爱的影响力的理论。他没有根据性别区分内驱力，只是把"好奇"置于第一情感，这种情感占据了物理学和形而上学的通道，是朝向客体的运动，不管是经验的还是超验的。第一情感会引起对他者的吸引力，尤其是性别不同的他者。笛卡儿把女性置于第一且是最后的情感当中。惊讶是一种被麻痹的状态，它使大脑中的精神朝向所好奇的事物。这就意味着身体是不动的，客体最初的外表展现在它面前，它不需要了解对象新的知识。笛卡儿认为过分的好奇，会使人思考爱情的作用。而"好奇"应该是打开新领域，移向新客体的动力。

伊丽格瑞分析了笛卡儿关于"好奇"的论述，指出"欲望"是引起好奇的主要原因，理解力的不足也会引起"好奇"，甚至是过分的"好奇"。"好奇"的过程是在大脑中留有的客体印象引发的主体情感。然而伊丽格瑞为"好奇"找到的原动力是女性的永恒，女性是一个完全开放的他者，男性不断地朝向女性移动，从没有到达，也从没有区分内部和外部。"好奇"是一种情感，它开创了爱、艺术和思想。伊丽格瑞认为，"好奇"是一种三维的、中间状态的情感，"好奇"存在于两性之间，是两性相互吸引的桥梁。"好奇不是一个皮囊。它

---

[1] [法]笛卡儿：《笛卡儿思辨哲学》，尚新建等译，九州出版社2004年版，第365页。

对应着时间，对应着前后可以界定、环绕、包围的空间—时间。它组成了一个帷幕，先于或是随着它的包围物、缠绕物。它是一种在爱中已经产生却还未重新包裹的激情。它是一种触摸，一种移动的朝向，一种吸引内部的，没有对第一次居住的怀旧。在重复之外。它是第一次相遇的激情。能够永恒的重生？这种影响产生于他者对他者不可归约的各种形式当中。这种情感开创了爱、艺术和思想。这是男性第二次重生的地方么？还是女性第二次重生的地方？进入一种对他者的超越，仍然在感觉世界中，仍然是物理的和肉体的，而且已经带有精神的。它是身体和精神影响和交汇的地方么？这已经被无数次的掩盖着，（不断壮大的）阻碍的重复使其变动坚硬？当我们相信自我、他者、世界永恒的新奇，这将会变为可能。相信它的变化，它的原动力，而不是身体印象的支持。可能包含和孕育着对方的，最物质的和最精神的相遇时所产生的情感，就是好奇。它是一个三维的，一个中间状态的。既不是这个也不是另一个。也不是所说的中性或无性别的。在凡人和神之间，人类和神之间，创造物和创造者之间，我们一个遗忘的场地。在我们之内，又在我们之中。"①

四 斯宾诺莎的"自因"概念

伊丽格瑞指出，传统上男性认为女性是存在的，这是因为男性需要女性的存在，但女性只是这个皮囊，没有本质，她只是男性的一部分。女性由于不能为自己提供空间，所以她不是自因的。女性自身的皮囊是她自身"属性"的一部分，她不能将其用作自身原因。男性为了巩固女性这个所有物，也会证明其存在，但是部分存在。女性的存在就成了男性自我原因的原因，而不是女性的原因。女性必须存在，并以一种先决条件的方式作为男性主体的时空存在。男性不需要女性以女性身份而存在，她只是作为男性的先决条件存在。如果现在的男性把自己看作上帝的话，女性只是用来修饰上帝的。然而伊丽格瑞坚

---

① Luce Irigaray, Trans. Carolyn Burke and Gillian C. Gill, *An Ethics of Sexual Difference*, London: The Athlone Press, 1993, pp. 81–82.

持认为,女性是自因的,她不仅仅是个"皮囊",为男性提供空间,也不是男性的附属品。伊丽格瑞希望从因果关系中找到女性的存在,她首先援引了斯宾诺莎的概念:"凡是可以为同一性的另一事物所限制的东西,就叫做自类有限。(in suo genere finita)例如一事物被称为有限,就是因为除了这个事物之外,我们常常可以设想另一个更大的物体。同样一个思想可以为另一个思想所限制。但物体不能限制思想,思想也不能限制物体。"①

由此,伊丽格瑞得出以下的结论:

——上帝是永恒的,无限的,因为没有与其相同的本性存在;
——男性是有死的,有限的。不仅因为男性有相同的本性,更重要的是因为
——他的母亲也是有相同本性的,尽管他并不这么认为,
——他的女性也是有相同本性的,尽管由于空间——皮囊的程度不同,他并不认为她们是相同的;
——上帝认为他的确如此:他也许忽略了他不想知道会有比他现存世界更为广大的宇宙和思想。但上帝通过创造和自我满足的思想,使男性变成有限的?

在性别差异的范围内,由于两个身体和两种思想的相遇,就会变得有限的和限定的。但如果"上帝"介入的话,也会变成无限和无约束的。②

伊丽格瑞认为,除了上帝是无限的以外,男女两性都是有限的。她根据斯宾诺莎的思想得出以下推论:如果没有两个身体和两个思想,一种罪恶的无限也许会产生。如果男女两性都是有身体和思想的,那么他们彼此提供限定,并且通过皮囊的发展使双方接近神性。

---

① [荷]斯宾诺莎:《伦理学》,贺麟译,商务印书馆2009年版,第1页。
② Luce Irigaray, Trans. Carolyn Burke and Gillian C. Gill, *An Ethics of Sexual Difference*, London: The Athlone Press, pp. 83-85.

但总是会有最初的原因：女性为男性提供自我。因此伊丽格瑞认为，女性并不是男性的附属品，男女两性的关系，在性别差异范围内，相互限制和连续是必需的，这需要两个身体，两种思想，两者和两者更为宽阔的关系。根据斯宾诺莎的定义，身体并不能由思想限制，思想也不能由身体限制。这两者是"平行"的，永不交汇。性别差异的问题，需要重新思考身体和思想的关系问题。整个哲学史表明"存在"指示的是身体的一部分，思想和身体仍旧是分开着的。在社会和文化层面，一直强调经验的和超验的。在论述和思想中，男性是有特权的，这被视为"规范"。直到现在，体力工作仍旧是女性主体的责任和义务，女性被视为像身体一样（女性和小孩的身体）"低能"。

"爱"思考的是身体受到的肉体刺激，显然是接受而不是给予。但如果目的是生育，为了生产一个新的身体，那么它仅仅是肉欲。传统思想认为女性缺乏既定的形式和思想，缺乏所有为自我提供主体的概念。她的位置上没有任何概念，女性也没有能力去思考自身。理论上讲，她必须通过男性来产生一种关系，从而和世界、神产生关联。如果经验的和先验的是分开的，身体是一方面，而语言是另一方面，那么质料、存在、中性和神都被看作是中性的。

伊丽格瑞假设，如果女性不能展示为自因的，那她就不会引起任何结果，那么女性就是原因的原因。这意味着她也因此成为因果链条中非决定性的和被决定的。关于女性的因果链条也许还没有展开，仍需要被揭示，女性会以非材料的方式展开、提供、展示自我，而并不是现在这样不产生任何结果。由于缺少相互的决定，女性被排除在持续的因果链条之外，而在因果链条中，女性女性既不是原因也不是结果。就像亚里士多德所说"女性只是偶然的参与遗传的越轨、疾病、畸形。子女是男性精子的结果，女性的卵子是没有必要的，它并不是原因，只是有什么东西阻碍了遗传"[①]。女性看起来是完全可以丢弃的"质料"，纯粹的容器。但事实上并非如此，现代的解剖学也证实了卵

---

① Aristotle, Trans. A. L. Peck, *Generation of Animals*, Cambridge: Harvard University Press, 1963, pp.87-98.

子在生育过程中的重要性。

斯宾诺莎指出:"认识结果有赖于认识原因,并且也包含了认识原因。"[1] 对结果的认识包裹了原因,使得女性即使在最自然的生育过程中,也被看作是延续男性和男性的思想,因为女性不是一个关于原因的思想。然而伊丽格瑞认为,没有原因不会有结果,但绝不是原因已经是结果(或结果的结果),原因的谱系中对应着结果的等级。如果从创造物开始,就沿着结果的链条向上追寻;如果从上帝开始,就沿着原因的链条向下追寻。两条平行的链条并不总是相交和相互决定,尤其是他们也不互相包裹和展开。自因是自我的皮囊,包裹着自我的存在,如果是自因的,本质包含实体;如果不是自因的,结果的知识包含着原因的知识。女性显然是自因的,因为上帝并不在男性的身体中给予女性生命。

概念意味着把握、理解、思考有效的材料。概念比知觉更具有主动性,换言之,概念指示的是心灵的主动作用,知觉指示的是心灵的被动作用。传统哲学认为,女性接近心灵的方式是知觉的,概念是男性的特权。男女两性沟通的结果——子女被认为是男性精子的结果。卵子是被动的,女性的身体是被动的,女性仍处在知觉的领域,甚至有时是被男人感知的。伊丽格瑞认为,男女两性都具有概念和知觉的,而且这两者没有任何等级差别。男女两性都具有感觉和思考的能力,主动和被动的能力。经历自我和理解自我的能力,容纳自我和包裹自我的能力。男女两性之间由于相互自由而变得更加开放,在自我中,为了自我,也为了他者。对于男性来讲,如果女性只是一种结果,那么她就没有必然性。如果女性存在,那么就意味着女性也对应着一种必然,也应该是自由的,男性的概念必须停止对女性的包裹。伊丽格瑞为男女两性之间的沟通,寻找了桥梁:

在男女两性之间,会存在各种差异,而且男女两性概念之间的包裹事实的存在,但他们之间还是可以通过以下两种方式建立

---

[1] [荷]斯宾诺莎:《伦理学》,贺麟译,商务印书馆2009年版,第2页。

起桥梁：

——繁衍，

——上帝。（Luce Irigaray，1993）

按照《圣经》的说法，女性是没有概念的。女性是在上帝的帮助下，由男性的肋骨变成，女性是男性出生前的包裹物，正是上帝的干涉，使皮囊之间有了相互的限制。这也是每次思考性行为的同时，都需要思考上帝因素的原因。男女两性关于皮囊问题的开端，也源于中世纪的神学理论。由于对上帝的不忠，上帝让男性为女性制定法律，使其困于男性的观点当中，或者至少是根据男性和上帝的观点而非女性的观点中谈论女性。女性被困在一个不能思考的空间里，自己却不能摆脱出来。男性没有什么新的观点，他总是有理由把男女的因果关系弄颠倒。

伊丽格瑞通过分析斯宾诺莎《伦理学》中的观点，成功地为女性定义了"自因"的地位。她通过分析身体和思想的关系，概念和知觉的关系，运用归谬论证和证明论证的手法，为男女两性之间架起了桥梁——繁衍和上帝。她也借助于神学理论，论证了女性的"自因"。

第三节　后现代哲学中的"性别差异"

伊丽格瑞关于性别差异理论的构建，主要包含了后现代哲学思想的成分。在很大程度上，伊丽格瑞、克里斯多娃等后现代女性主义学者，她们都从存在主义者波伏娃、结构主义者德里达以及精神分析者弗洛伊德、拉康那里得到了精神上的启发。正如波伏娃一样，她们追求他者性；像德里达一样，她们乐于攻击主体性、身份认同等一般性概念；像拉康一样，她们在破坏偶像的意义上重新解释弗洛伊德。这些哲学家的思想，都和伊丽格瑞有着千丝万缕的联系。伊丽格瑞参加了雅克·拉康组织的精神分析研修班，还加入了拉康创立的巴黎弗洛伊德学派，并接受培训。因此在伊丽格瑞的理论中，很难量化她所受到的弗洛伊德和拉康的影响,说明她提出的性别差异理论又在多少程度上受到了拉康的启发。本节试图通过介绍这几位现代哲学家思想中和伊丽格瑞性别差异理论相关的内容,分析伊丽格瑞和他们之间继承和批判的关系,为更好地理解伊丽格瑞的性别差异理论提供一个理论背景。

一 精神分析学派的"女性气质"

弗洛伊德是奥地利著名医学家、心理学家和文艺批评家,精神分析学的创始人。精神分析的方法最早用于治疗神经症患者,其理论的核心概念是潜意识。弗洛伊德运用精神分析的方法革新了人类对于心理现象的理解,被誉为20世纪最具影响力的思想家之一。他同样运用精神分析的方法思考女性性征和女性气质,给出"女性"的定义。弗洛伊德对女性"身份"的思考可以看作是"身份本质论"的主要代表之一。他认为男女两性的差别,从根本上讲是生理差别。他对女性性征的论述,主要体现在"处女的禁忌"和"女性气质"两篇文章中。

早在1905年出版的《性学三论》中,弗洛伊德就提到了"小女孩的性欲完全具有小男孩的特征"。《处女的禁忌》是弗洛伊德1924年出版的《爱情心理学》三篇文章中的最后一篇。文中弗洛伊德结合精神分析学的原理,从历史、文化和心理的角度审视了女性贞操问题,回溯了原始人类如何为避免女性对丈夫的敌意而设置了婚前破处这一"处女的禁忌",从而削弱了女性对男性的威胁性,并使女性越来越屈从于男性。弗洛伊德关于《处女的禁忌》的探索对于研究女性身份的形成和历史演变有着重要的意义。《女性气质》是弗洛伊德专门论述女性心理学的一篇演讲稿,后来收录在1933年出版的《精神分析引论新编》一书中。在该文中,弗洛伊德主要运用精神分析学的性本能学说、幼儿性欲论等核心理论探讨了两性,尤其是女性身份的形成和发展过程。该篇文章是弗洛伊德关于女性性别身份的最系统的论述,这篇文章对以后的女性主义研究产生了重要的影响。

弗洛伊德在《女性气质》中指出生理上两性的差异:一是生殖系

统的差异,二是器官、形体和身体组织的差异。他认为每一个人都具有双性特征,即认为每个人都有两性的特点,只不过某一种性别的特征更为明显。在解剖学和心理学解释失败之后,他把目光转向了精神分析。为了解释清楚两性形成过程中女性的形成,他认为女孩向成熟女性的发展需要完成两个任务,一是完成性感带由阴蒂向阴道的转移,二是由恋母情结转向恋父情结。他提出了两个精神假设,一是女孩的"阳具嫉妒"情结,二是女孩的"阉割焦虑"情结。他认为无论男女在婴儿阶段都是一样的,都具有双性特征,即"小女孩就是小男孩"。在前俄狄浦斯情结之前,小女孩和小男孩的性欲对象都是母亲。所谓"阳具嫉妒"就是当小女孩发现自己缺少男孩裸露在外的"阳具"时,便产生了对男性阳具的嫉妒心理,认为自己在这方面是欠缺的,有缺失的,便产生了"阉割焦虑"。小女孩在这种焦虑中会把错误归结为自己的母亲,当她发现母亲和她一样的缺失时,恋母情结逐渐转变为了恋父情结。在此过程中,小女孩才会正常地成长为成年女性,具有成年女性的心理特征,例如缺少正义感(由于嫉妒心理)和对社会少有兴趣,等等。

在弗洛伊德的性别理论中,男性的性器官以阳具为标志,它是定义性征的中心,是绝对的"一"。这个绝对的"一"代表了男权社会的权力、意义、话语权、真理和法律等。男性独有的"一"是他们社会权力的象征和话语终极权力的象征。弗洛伊德在定义了这个"一"的男性性征后,并没有定义女性的性征,只是参照男性性征的定义给女性性征以描述:由于女性没有阳具,因此被定义为"缺乏""萎缩"或是"阴茎嫉妒",阴茎被看作是唯一有价值的性器官。[①] 男性的性征是外露的,显而易见的,也是独一无二的,相比之下,女性性征是看不到的,因此是男性的"缺乏",是低下的。

弗洛伊德的思想启发了很多女性主义者开始对女性进行思考,当然他的思想也受到了女性主义者批判性的解读,并引发了一场争论,

---

① Luce Irigaray, Trans. Catherine Porter and Carolyn Burke. Ithaca, *This Sex Which Is Not One*, N.Y.: Cornell University Press, 1985, p. 23.

这场争论所用的方法仍然是精神分析，不仅涉及弗洛伊德，还涉及拉康和其他派别的思想。这场争论始于 20 世纪 20 年代初期，原因就是弗洛伊德发表的这些关于女性特征的论述。这场争论中，和弗洛伊德交流的有美国心理学家凯伦·霍妮（Karen Horney），还有法国女性主义哲学学者伊丽格瑞、克里斯蒂娃和西苏。虽然弗洛伊德关于女性的定义大多受到女性主义者的批判，但他的理论对女性主义哲学有积极的影响，其一，弗洛伊德第一次采用精神分析的方法来定义女性的性征。他的定义对伊丽格瑞的影响是显而易见的，没有弗洛伊德阳具中心主义的"一"，也不会有后来伊丽格瑞对其进行批判提出的女性非"一"。其二，弗洛伊德从两性生理的差异入手来定义女性，虽然是本质主义的做法，但他却是谈论女性性征和试图定义女性性征的第一人。伊丽格瑞的性别差异理论，也是从两性的生理差异入手，提出了与阳具相对的女性的"双唇"和"黏液"概念。因此很多学者也都认为伊丽格瑞的性别差异理论带有本质主义色彩。

二 结构主义学派的"女性愉悦"

雅克·拉康是法国著名精神分析学家，他用结构主义的方法，从语言哲学的角度重新解释弗洛伊德的理论。结构主义是分析语言、文化与社会的研究方法之一，它认为一个文化意义的产生与再造是透过作为表意系统的各种实践、现象和活动表现出来的。拉康的思想，源于人类学家洛德·列维-斯特劳斯（Claude Levi-Strauss）的观点，认为社会都是由一系列相互关联的符号、角色和仪式来制约的。拉康称这一切为"象征秩序"，儿童要在社会中表现出合适的角色行为，他/她必须通过语言来内化这一象征秩序。儿童越是顺应社会的语言规范，这些语言规范也就越深刻地铭记在他/她的无意识当中。象征秩序就是通过对个人的制约来制约社会的。只要每个人讲述的是象征秩序的语言，那么社会就能以相对稳定的形式复制自己。这个象征秩序就是社会，我们每一个人都在无意识中进入社会，即社会是先于我们存在的关系系统。如果要适应这个社会，必须经过三个阶段，逐渐顺应"父权制"社会。这三个阶段分别是：前俄狄浦斯阶段、想象期或者镜像期、俄狄浦斯时期。在前俄狄浦斯阶段,婴儿完全意识不到它自己的边界,它不知道母亲的身体从哪里开始从哪里结束,自己的身体从哪里开始,也就是说,它认为自己和母亲是一体的。第二个时期是想象期,或者说是镜像期。在这个时期,婴儿在"镜子"中开始能够辨别自我,这是"自我"发展的正常阶段。婴儿这种自我发现的过程,对所有随后而来的关系起着模板的作用,自我开始从他人的"镜子"反映中来发现自身。进入俄狄浦斯期后,婴儿发育成和母亲渐渐疏远的过程。儿童不再把母亲和自己看作是一个整体。相反,儿童认为母亲是他者,是必须与之交流的人。由于语言的限制,母亲因此也永远不能真正满足儿童的愿望。儿童与母亲的关系开始削弱,由父亲的介入而破坏。儿童通过语言的学习来满足欲望,母亲不再是其满足欲望的一切源头。儿童只能与母亲分开,通过学习语言,融入社会,满足欲望。像弗洛伊德一样,拉康同样认为在俄狄浦斯阶段男孩和女孩表现出不同。男孩拒绝认同母亲,转向和其生理结构相似的父亲。父亲代表着象征秩序,通过认同父亲,男孩进入社会、内化秩序,获得相应的社会角色。女孩则不同,她不能充分接受和内化这个象征秩序。一方面,因为她被限制在象征秩序之外;另一方面,或者说她在象征秩序中是被压迫的,她不情愿进入这种压迫状态。由于女孩拒绝内化这种社会秩序,那么她必须以外部强加的形式赋予。所以,女孩在这个象征秩序之外,或者在象征秩序之内保持沉默。

  拉康专门研究了女性的性征,他的研究过程主要分为两个时期:20世纪50年代以前以"想象界"为标志,主要讨论镜像和自我构造的问题,"阳具的意义"是这个时期的代表作品。20世纪50年代以后以"象征界"为代表,主要把语言学和黑格尔哲学引入精神分析,指出语言作用下主体的异化和分裂现象,《再论:关于女性的性、爱和知识的界限》是这个时期的代表作品。

  拉康的理论中主要包括三个核心概念,想象、符号和真实。"想象"存在于"想象期"(the imaginary phase),这是前俄狄浦斯时期前语言(prelinguisitc)的领域,在这个镜像认同时期,婴儿把他或她在镜子里的形象等同于自己,他们认为自己是母亲的一部分,和世界是一个统一的整体。逐渐他或她们发现镜子中的形象不是真实的自我，随着这一认识，儿童进入象征秩序，准备采用语言中的我（I）。"我"即确立自我为独立的主体，与其他个别的主体分离而独立。在婴儿进入"对镜阶段"以后，他会感到自己的身体是支离破碎的，"身体自我"是一个孤立的存在。当他们对着镜子看的时候，看到只是另外一个个体，由此进入象征期。在"阳具的意义"一文中，拉康以语言学的"能指"①概念来解释阳具的意义，阳具是一个"能指"，它从整体上规定了"所指"的意义和效果。拉康从阳具的功能角度讨论两性关系，在象征世界中，对于女性来说："为了成为阳具，也就是他者欲望的能指，女性通过化妆抛弃了女性气质中的实质部分，亦即它的所有属性。她想变成她所不是的东西，并期待因此被人欲求和为人

---

① "能指"和"所指"都是索绪尔语言学创作的术语。是索绪尔在谈论语言符号的性质时提出来的一对概念。与把语言视为一种分类命名集的天真看法不同，索氏认为，语言符号联结的不是事物和名称，而是概念和音响形象。能指和所指是语言符号的一体两面，不可分割。拉康对索绪尔的二元论思想持一种批判继承态度。针对索氏的所指/能指图式，拉康提出了 S/s 公式。此公式读作："能指在所指之上，'在……之上'对应于分开上下层的横杠。" 2 J 单从公式的形式上看，后者只是对前者的一种颠倒，即把所指/能指关系颠倒为能指/所指关系。问题是，这仅仅是一种简单的颠倒吗？当然不是。尽管他认为所有这一切都应该归功于索绪尔，不过，拉康反对人们从索氏的思路出发去把握他的 S/s 公式，并且指出，即便是从相反的或颠倒的思路出发，仍然避免不了错误的结局。为了具体说明所指与能指之间的关系问题，索氏曾经举过一个有关"树"的例子。他说，要想找出拉丁语 arbor（树）这个词的意义，非得把概念与音响形象联系起来不可，用图式表示便是：（树图形）/arbor。作为把握索氏关于所指与能指关系理论的切入口，此图式备受后人青睐，并且不断地被后人所引用。拉康在把它颠倒为 arbor/（树的图形）这种图式之后，明确指出，这是一张错误的图式。说它是错误的，原因很简单，因为它把我们引入到了一条错误的道路上，即认为能指（语言符号）总是指向对象，尤其是图像式对象。对于这一错误，拉康认为，它并不肇始于索氏，而是已经有了很长的历史传统。很早以来，人们就发现，词与物并给一一对应关系。尽管这种一一对应观一直以来遭到人们的批评，但是，在儿童学习语言（或成人学习外语）的活动中，却始终保留着用食指来指向对象的习惯。这说明，错误始终没有得到更正。索氏也试图来更正这一错误，如他认为语言是一种不指向外物的内在系统，但是，从上述他所采用的关于"树"的图式中可以清楚地看出，他仍然没有摆脱这种错误，至少还带有这种错误影响的残余。所以，从这一意义上说，拉康的批评是很有道理的。

爱。"① 拉康把男性的阳具抽象为一种"主体"和"他者"关系的"特权能指"（privileged signifier）。"能指"的缺失是人类进入语言世界后造成的主体性分裂和异化。女性丢失了"能指"，因此所谓"女性"，就是象征秩序内由男性主导、迎合男性欲望而形成的幻想。象征秩序内的男性，从来都不知道真实的女性是怎样的。为了解释这个真实世界中的女性，拉康引入了"真实界"这个概念。

在"真实界"中"女性的性快感"具有独特的突破能力。它使女性超出阳具的作用范围，突破语言的限制，还能使女性打破男性对于她们的幻想，进入以男性为中性的语言和知识所不能到达的另外一个领域。因为"女性的性快感"是真实的"身体"体验，它无法用男性的语言表述。就像在"象征界"里，男性的语言无法完全表述真实的女性一样，所谓的"女性"只是男性幻想的结果。因此，拉康建议把"女性"这一词的上面加一个删除号，因为"女性"这一全称概念根本不存在于男性阳具"能指"基础上建立起的语言之内。换言之，语言对于女性来说是异质的，女性在使用语言时，根本就不知道她们在说什么。"女性的性快感"存在于语言范围之外，称为"额外的性快感"。拉康把女性"额外的性快感"指向了一个不可知的神秘主义领域，是一种可感受却无法说明的体验。

为了论证"女性并不存在"的思想，拉康运用了"阿布列（Apulée）逻辑方程"，其实拉康的性化公式是基于罗素的逻辑悖论形成的。简单地说，男女两性公式都由两个看似矛盾的逻辑命题构成：存在命题和全称命题。对男女两性的逻辑定义为：在男性位置上，存在一个不受阉割的 x，但是所有的 x 都是受阉割的；而在女性位置上，不存在一个不受阉割的 x，但是并非所有的 x 都是受阉割的。男性公式的逻辑是基于罗素的集合悖论，即不存在一个所有集合的集合。女性公式则包含一个"并非全部"的逻辑，从而女性不从属于一个集合，不是一个整体，只能个别地来认识。$ →a 就是拉康的幻想逻辑，

---

① Lacan, Jacques, Trans. Bruce Fink, *The Signification of the Phallus*. in *Écrits: A Selection*. New York: W. W. Norton & Company, 2005, p. 279.

从而两性关系被纳入幻想的框架。男性（$）幻想着作为欲望原因（a）的女性，同时女性幻想在男性的幻想中从而成为一个女性；La/→Φ，就是说非普遍的被划杠的不存在的女性的欲望的能指是（Φ）。但是男性并不完全拥有象征的阳具，他拥有的只是在身体上留下的阳具（阴茎），也就是说男性无法完全满足女性对阳具的欲望，如此女性就可能转向其自身的神秘：La→/S（A/），在她的"并非全部"的真理中遭遇无法命名之物、他者中缺失的能指。拉康说 S（A/）就是上帝（弗洛伊德所谓的"黑暗大陆"），这个神秘主义的享乐同时也是他者的享乐、身体的享乐和女性的享乐。其实无论怎样，男性与女性的逻辑都是根本不对称的，性关系注定是失败的，男性和女性在其中只能失之交臂，所以拉康认为根本不存在性关系，而对于性别差异的这种根本不对称性的最好填补就是爱情，但是这个欲望的洞只会越填越深，越补越大，越陷越深。拉康和弗洛伊德一样，没能在他的理论中为女性找到合适的位置。因此，女性在他们的理论中是不可知的、不可思的、不可说的。

有学者认为是拉康解放了女性，因为在他的理论中，女性没有阳具，也不会受到"阉割焦虑"的影响，自然也就不受由阳具主导的男性文化的束缚和限制。这并不是说女性并不完满，而是说男性进入阳具符号指称系统后，变得完满。而女性在这个语言系统中缺乏能指，她可以使用化妆的方式去掉女性的特质而获得阳具。在这个意义上，女性是不存在的，女性是自由的。也有学者认为拉康的理论贬低了女性，把女性视为虚无的。在他的理论中女性"不存在"，是指不存在于"象征界"中。而我们的历史、文化和社会都是在这种以阳具为中心的世界当中，女性在这个世界中是不存在的，是虚无的。但不管怎样，拉康是继弗洛伊德之后，运用精神分析和语言哲学分析女性和寻找女性身份的哲学家。拉康本人也参与女性主义实践运动，他主持的各种精神分析的讨论班，吸引了大批的知名学者、作家和学生。其中有很大一部分学生都成了女性主义运动的战士，其中包括伊丽格瑞。

"拉康在哲学方面的主要贡献在于，运用海德格尔、黑格尔以及结构主义语言学和人类学的思想和分析方法来重新阐释的弗洛伊德的理论。……拉康还有一点为人所瞩目的思想，尤其是为女性主义运动者所瞩目的思想，就是他对于女性本质问题的认识。他这方面的认识，一言以蔽之，就是女性并不存在。"[①] 这段话集中体现了拉康的学术特点及在女性主义方面的学术成就。尤其是拉康把女性身份重新解读为与解剖学无关的心理和语言现象，为女性主义者解构和重新建立女性身份提供了重要的思想启发。伊丽格瑞师从于拉康，虽然最后他们的学术思想分道扬镳，但拉康的思想在很大程度上影响了伊丽格瑞，给予她理论上的启发，例如拉康的"镜像"理论、"女性的性快感""化妆""他者"的概念、语言学的分析和"视觉驱力"等等。像拉康一样，伊丽格瑞也将想象期与象征期对比，但是与拉康不同的是，伊丽格瑞认为在想象期之内存在男性与女性各自不同的想象状态。对于拉康来说，想象期是个监狱，在狱中自我被虚幻的形象俘获。在成功渡过俄狄浦斯阶段之后，男孩从想象期解放出来，进入象征秩序，这是语言和自我的领域。女孩从未完全解决俄狄浦斯阶段的问题，所以女孩仍旧停留在想象期里。与拉康相反，伊丽格瑞拒绝把想象期的生活看作是一种悲哀的状态。相反，她认为，妇女在想象期的生活对妇女充满了未曾开启的可能性。我们目前对于想象期里女性的一切都是从男性的观点来解读的。或者说，我们知道的"男性化的女性""阳具崇拜的女性"都是从男性的角度对女性的主观臆断。伊丽格瑞认为应该有人去了解和言说"女性化的女性"和"女性眼中的女性"，但是千万避免给女性下定义，和试图说明女性的真实本质。因为无论以何种方式去定义女性，都会有重蹈覆辙的可能，陷入"女性崇拜"的旋涡。这样会阻碍女性思想发展，使之不能脱离想象期而进一步发展的，就是女性的身份同一性问题，这是男性自恋和单一性二元论的思想产物。

三 解构主义学派的"二元对立"

雅克·德里达生于20世纪30年代的阿尔及利亚，20世纪60年代

[①] 王文华：《走进拉康》，《拉康与后女性主义》，北京大学出版社2005年版。

末，德里达确立了他在法国思想界的地位。1966年，在美国约翰·霍普金斯大学一次人文学术会议中，德里达做了一次题为《人文科学话语的结构、符号与游戏》的演讲，确立了解构理论。德里达利用语言学的要义，批判了西方文化中二元对立的思维模式。这种思维模式把人类分为男性和女性，事物分为正面和反面。女性被置于男性的对立面和从属地位，作为事物的反面。德里达从语言结构中找到了批判这种思维系统的理论依据，提出了多元的思维方式。德里达批评了象征秩序中的三个方面：第一，理性中心主义。他提倡情感、口头论述的重要性，认为口述文字比书写文字更少受阐释的控制。第二，阳具中心主义。他反对万宗归一、线性的思维方式，趋向单一、可达的目标。第三，解构主义的任务就在于揭露和拆除使二元对立得以成立的逻辑基础。德里达这种对语言意义的全新认识启发了法国女性主义者，他对二元对立和阳具中心主义的解构态度，更是直接影响了法国女性主义者伊丽格瑞。

解构理论是一种对任何事物都采取批判态度的研究方法。德里达不满意西方传统的哲学思想，对柏拉图以来的西方形而上学大加责难。解构主义的核心是运用现代语言的语汇，颠倒和重构现有语汇的关系，从逻辑上否定传统的基本原则。解构主义强调打破传统，重视个体，重视部分，反对一味地强调整体的统一原则。在德里达看来，整个西方形而上学的传统是阳具中心主义的，在阳具中心主义的思维模式下，总是把事物分为二元对立的状态，例如真理与谬误，在场与缺失，相同与差异，心灵与物质，灵魂与肉体，男性与女性，好与坏，理性与感性，等等。对立着的左侧常被人类认为是处于高一等级的命题，居于优先地位，对立着的右侧词汇则被看作是次等级的，处于从属的地位。在所有这些二元对立当中，男性与女性构成了人类生存中最基本的两项对立。逻辑中心主义与父权制所主宰的性别秩序是不谋而合的，当今社会不仅处在逻辑中心主义的统治之中，也处在阳具中心主义的统治之下。解构主义就是要对这种二元对立的思维模式进行消解。但他对摧毁象征秩序是持有悲观态度的，因为现有的语言是理性中心、阳具中心和二元对立的语言是限制人们思想的语言。口头对于文本的解释可以有助于削弱象征秩序，但不能弥补语言和感知对象真实之间巨大的鸿沟。

伊丽格瑞深受德里达的影响，这主要表现在两个方面：一方面，德里达提醒女性去关注男女二元对立产生的原因，以及在这种对立中女性所处的被统治、被压迫的社会地位；另一方面，德里达也提醒女性，女性主义的目标不能是为了获得与男性平等的权利和地位，而是要怀疑所有的权利和地位，以避免将对立的双方简单地进行反转。伊丽格瑞接受了德里达关于女性主义的两点建议，也同样提醒女性主义争取权力的运动需要避免进入"女性中心主义"的境地，女性需要建立一种尊重两性差异，双主体的伦理模式。因此解构主义所提供的去除"中心主义"、尊重差异的思维方式，对于伊丽格瑞建立全新的女性主义理论是至关重要的。德里达破解形而上学二元对立的思维模式，成为伊丽格瑞探究两性关系的有力武器，帮助她揭示男性如何建构父权社会，并用男性的"同一性"（Sameness）原则去诠释女性和世界。

在伊丽格瑞看来，男女之间长期的二元对立关系完全契合于传统形而上学的模式。在阳具中心主义的统治下，女性总是在男性的相反面被界定。男性总是作为本体论被界定，而女性只是男性的补充物和相反面，女性只能处于被压抑和被剥削的地位。这是伊丽格瑞建立性别差异理论的前提，这种阳具中心主义成为伊丽格瑞猛烈抨击的对象。由于阳具中心论与形而上学、语言哲学中的概念相互印证，所以伊丽格瑞要破除这种阳具中心论，将女性从其中解放出来，需要破除和挑战的是整个连贯性、系统性和逻辑性的哲学话语，因为正是在这种哲学话语中，"差异""他者"都被男性的"同一性"压制了。

四 存在主义学派的"造就女性"

美国学者娜奥米·斯格尔认为"作为一位重要的法国理论家，伊丽格瑞真正成了波伏娃的继承人"[①]。那么伊丽格瑞的思想究竟在何种

[①] Carolyn Burke, Naomi Schor and Margaret Whitford, *Previous Engagements: The Receptions of Irigaray. Engaging with Irigaray: Feminist Philosophy and Modern European Thought.* eds. New York: Columbia University Press, 1994, p. 4.

第一章 "性别差异"概念的思想根源与现实意义　　　47

程度上继承了波伏娃，以及她们之间又有何差异？尽管伊丽格瑞本人并不认为她受到了波伏娃思想的影响："我们两个人之间从没有交换过关于女性解放的意见。"[1] 还有，"我认为我在理论上的联系……更多的是同西方的哲学传统。我不是说西蒙娜·德·波伏娃不是这一传统的一部分，但她的理论不是我最熟知的，也不是我特别援引了的。我可能通过整个思想氛围受到了她著作的影响，但我本人却不是生活在这样一个氛围中的人"[2]。但是理解波伏娃的理论，理解当时的哲学氛围，对于理解和把握伊丽格瑞的思想是有帮助的。

波伏娃的《第二性》被美国女性主义者作为西方女性的"圣经"，从根本上改变了女性对自身的认识。"没有一书如此深刻地影响了全世界妇女的处境和地位。"[3] 该书出版之后受到世界各国女性的青睐，成为第二次女性主义运动浪潮的理论支柱，对运动起到了推波助澜的作用。波伏娃在书中论述"女性"的处境，还提出了男性将自己定义为"自我"，而将"女性"定义为"他者"的重要观点。波伏娃在开篇的《序言》中就提到："女性完全是男性所判定的那种人，所以她被称为'性'，其含义是，她在男性面前主要是作为性存在的。对他来说她就是性——绝对是性，丝毫不差。定义和区分女性的参照物是男性，而定义和区分男性的参照物却不是女性。她是附属的人，是同主要者相对立的次要者。他是主体，是绝对，而她是他者。"[4] 波伏娃的思想就是女性一直被男性视为客体，是男性的"他者"，是自我的威胁。女性扮演着父权社会男性规定的角色，她们没有自身的主体性和行为权力。波伏娃在书中主要表达了以下几个观点：

第一，波伏娃指出女性是被"造就"的。波伏娃认为是社会逐步

---

[1] Luce Irigaray, Trans. David Macey, The Irigaray Reader. Ed. Margaret Whitford, *Equal or Different?*, Cambridge, Mass: Blackwell Publishers, 1991, p.31.

[2] Luce Irigaray, Trans. Alison Martin, *I Love to You: Sketch for a Felicity Within History*, New York: Routledge, 1996, pp.113-114.

[3] [法] 萨利·J.肖尔茨：《波伏娃》，龚晓京译，中华书局、汤姆森学习出版集团2002年版，第1页。

[4] [法] 西蒙·波伏娃：《第二性》，陶铁柱译，中国书籍出版社1998年版，第11页。

造就了女性,"女性并不是生就的,而宁可说是逐渐形成的"①。波伏娃的这一论断彻底告别了本质主义的观念,认为女性并不是生来就是女性的,女性不是因为生理的差异而具有的各种女性气质,而是在社会化的过程中逐渐被"造就"的。"作为'女性化'女性本质特征的被动性,是一种从她小时候发展而来的特性。但是,如果说它与生物学事实有关,那就错了。它实际上是教师和社会强加于她的命运。"②这一观点与弗洛伊德的生理本质主义形成了鲜明的对比,让女性如梦初醒般地意识到她们身份形成的过程。父权社会的文化和价值判断等意识形态将女性造就成了女性,失去了她本真的存在。波伏娃理论背后的哲学依据是当时盛极一时的存在主义理论。波伏娃和萨特生活在相同的时代,而且两人交流密切。在波伏娃的理论中,能够找到存在主义的影子。萨特的格言:"存在先于本质",存在主义以人为中心、尊重人的个性和自由,这种思想让波伏娃觉得女性也是存在着的个体,女性也有选择自我存在方式的自由。

第二,波伏娃指出女性被"压迫的地位"。波伏娃认为不是女性的低下地位造就了她们的微不足道,而是由于她们的沉默导致了受压迫的地位。女性长期以来处在一种被压迫和被剥削的地位,她们没有话语权,没有自己独立的思想,也无法表达自己的欲望。女性长期以来没有形成自己的文化和价值标准,一直都是男性的附属品。"在她看来,男性是他者的化身,就像她对他也是这种化身一样。但是她觉得,这个他者是处在主要者层次上的,而相对于他,她把自己看成次要者。"③ 男性永远都是女性给予的对象,都是需要被爱的对象,都是需要当作主体和主人来看待的。女性的地位永远都是底下的,女性的性也因此是"第二性"的。

第三,波伏娃指出女性身体的价值。波伏娃认为,在某种意义上,女性的性发动与男性一样也始于童年。但是从童年到成熟期的成

---

① [法] 西蒙·波伏娃:《第二性》,陶铁柱译,中国书籍出版社 1998 年版,第 11 页。

② 同上。

③ 同上书,第 379 页。

长过程中却发生了重要的转变。波伏娃认为:"女性在男性心目中的价值,也不是通过增强自己作为一个人的重要性取得的,而宁可说是通过根据男性的梦想去塑造自己而获得的。"① 讨论了女孩到女人的成长过程之后,波伏娃得出的结论是"结婚,是社会传统赋予女性的命运"。波伏娃认为在爱情中"男性在自己的生命深处依旧是主权的主体;被爱的女性只不过是其中的一种价值;他们希望把她并入自己的生存,而不是希望把生存完全浪费在她身上。相反,对女性来说,爱就是为主人放弃一切"②。

第四,波伏娃为女性寻找未来。波伏娃的时代正是女性主义运动第二次浪潮到来的时期。波伏娃关于男女平等的理论,对女性主义运动争取平等地位和权力,起到了重要的理论指导作用。波伏娃这样号召女性:

> 首先,男女之间会永远存在着某些差别……那些特别强调"在差别中求平等"的人,或许会愿意接受我的这一观点,即在平等中求差别的生存是可以实现的。其次,是制度导致了一成不变。……如果社会把女性的主权个性还给她,并不会因此破坏情人拥抱的动人力量。
>
> 所谓女性解放,就是让她不再局限于她同男性的关系,而不是让她有这种关系。即使她自己有独立的生存,她也仍然会不折不扣地为他而生存:尽管相互承认对方是主体,但每一方对于对方仍旧是他者。
>
> 这就是说,要在既定世界当中建立一个自由领域。要取得最大的胜利,男女两性首先必须依据并通过他们的自然差异,去毫不含糊地肯定他们的手足关系。③

---

① [法]西蒙·波伏娃:《第二性》,陶铁柱译,中国书籍出版社1998年版,第386页。
② 同上书,第726页。
③ 同上书,第826—827页。

第五，波伏娃为女性解放提供了具体的道路。要想逃出社会、文明习俗与男人强加于女人的限制、定义和角色，这对女人是很不容易的。如果女人想要终止这一事实，不再做"第二性"的他者，她就必须克服环节的困难，在如下四个方面努力。首先，妇女可以去工作。波伏娃认识到，在资本主义的父权制社会中，工作是带有压迫和剥削的，尤其是对于女性来说，工作给女性带来了双重压力。但她仍坚持认为，无论女性的工作多么繁重，她依然为女性的发展敞开了可能性。其次，女性可以成为知识分子，成为改变自己命运的先锋者。女性也可以去思考、观察和定义生活，认真地探讨死亡、生命和痛苦的意义，指引女性的生活方向。再次，女性可以为推动社会转向社会主义而努力。波伏娃希望人类结束主体与客体、自我与他者之间的冲突，尤其是男人和女人的冲突。妇女解放的关键因素之一是经济独立。她提醒女性，如果女人想要完全实现自己的潜能，她必须能够为自己提供物质支持，才能够超越当前存在的对她的限制。最后，女性可以拒绝内化她们的他者性，拒绝社会里占统治地位的标准来评价自己。女性被男性的价值标准评价，但真实的女性生活却不被人关注。因此，女性自身可以拒绝这种标准来评价自己的身体，在能够从事某种创造性的活动时，妇女应该拒绝在美容院里残害自我的身体来度过时光。

尽管伊丽格瑞本人并没有察觉到波伏娃在女性理论方面对她的影响，例如波伏娃对于女性身份的形成、女性的性、女性的地位和身体价值和女性的未来的探讨等。如果真如伊丽格瑞所说"没有太多熟知"波伏娃的理论，那么只能说在对女性主义理论的讨论过程中，这两位哲学家有着不约而同地观察视角和讨论方式。尤其是伊丽格瑞对"他者"概念的讨论，是继续和深化了波伏娃关于他者性的概念。伊丽格瑞也有对女性主义运动实际上的指导，这些上是和波伏娃有所不同的，后面会详细论述。

总体来说，伊丽格瑞的"性别差异"的概念主要是论述男女两性之间的差异，其次是女性内部之间自身的个体差异。为了给女性寻找自我主体性而区别于男性主体，使女性不再附属于男性，不再是男性的客体对象，伊丽格瑞追溯了整个西方哲学史。她批判地吸收了柏拉图《会饮篇》中狄奥提玛关于"爱"的论述，认为"爱"是一种中间状态。"爱"是一个相爱双方的中间者，是一个精灵。相爱双方间存在的"爱"朝向真正的"真""善""美"。伊丽格瑞并不同意柏拉图把"爱"等同于子女的产生，认为那种只是肉欲的结果。真正的"爱"是物理的和精神的统一，不只是以生育为目的的，是任何人都无法代替的。在这种"爱"的模式下，相爱双方是平等的，相互依存的关系，没有谁可以统治他者。女性当然也是处在相爱双方中的，女性也具有独立的主体地位。

伊丽格瑞在寻找了两性间的"爱"之后，为了给女性寻找自我的空间，她追溯到了亚里士多德关于"空间"的定义，分析了空间的"容器"性质，空间形式的改变性，空间的运动性、空间的界限、整体和空间的关系之后，伊丽格瑞指出，女性不管是在"爱"的性行为中，还是在生育行为中都占有空间。这就证明了女性主体的存在性，女性主体是占有空间的，不是男性属性的一部分。接着，伊丽格瑞认为两性间相互吸引的桥梁应该是笛卡儿所说的"好奇"。在分析了引起"好奇"的原因和动力之后，伊丽格瑞指出"好奇"是一个三维的、一个中间状态的，是两性相互吸引的桥梁。最后，为了证明女性的产生是"自因"的，伊丽格瑞援引了斯宾诺莎《伦理学》中"论神"中的观点。通过分析身体和思想的关系，概念和知觉的关系，为男女两性之间的关系架起了桥梁——繁衍和上帝。她也在神学理论的基础上，论证了女性的"自因"。

第二章

"性别差异"的哲学本体论基础

伊丽格瑞明确指出男女两性之间存在着性别差异。她在《他者女性的窥镜》对西方传统哲学展开了全面的批评,力图在批判中证明"性别差异"的存在,也力图揭示哲学话语产生的条件,以及在这种哲学语境下掩盖的对女性的压制和剥削。伊丽格瑞指出传统哲学把女性排除在外,使其在男性中心话语系统中失去自己的主体身份,处于一种沉默的状态。因而,要打破阳具中心主义,思考"性别差异"问题,首先要建立女性身份主体,证明女性的存在。只有寻找到女性的主体身份,才能够谈论女性,言说女性。

第一节 传统哲学中关于两性身份的论述

传统学说认为女性是男性的反射镜,只是反射男性主体的镜子,不具有主体地位。伊丽格瑞批判这一观点,并且第一次提出女性的性征是一种"内视镜"的结构,她不仅可以用来反射男性还可以用来审视自我。这是伊丽格瑞"镜像说"的核心内容,女性不是男性的"反射镜",也不是男性的附属品。女性的性具有一种"内视镜"的结构,以女性的"双唇"为代表性征,"黏液"为特征。男性这种根据自我对女性的评价,使女性丧失了自我,沦为男性在镜子中的"影像"。女性需要:"引入一种使女性同自己和其他女性的关系成为可能的新的关照模式。这就要求以凹镜为前提条件,但同时凹镜也指向自身,将本不可能的心智、思想、主体性的内在重新占用,于是就有了内视镜和凹镜的介入……"①

内视镜（也叫孔探仪、蛇形探测仪等）是人的眼睛的延伸，可以观察人眼不可及容器的内部空间状态，先进的视频技术，已经突破了物镜的一人观察，可以在监视器上多人同时观看，也可以一人戴上液晶显示眼镜观看、指挥操作，同时用无线的方式发射到接受监视中心观看、指挥、存档。②伊丽格瑞所说的内视镜（concave mirror）是一种类似妇科医生用以检查女性身体的凹透镜，它能集中光线照出"洞穴"的奥秘，从而揭示女性的秘密。"这里的镜子是一个传入女性体内的男性器具，同时又是一个等待探测的凹面，它在水平方向上改变与表面的关系，就像将腔体上下颠倒了一样，颠倒了正常的历史秩序，使得人们形成了一种虚假的错误认识。"③"由于它能反映女性的生殖器官，因此象征着女性的性征再也不是看不见的"无"，女性也因此有了属于自己的表达方式。"④这样看来，伊丽格瑞的"内视镜"包含三个层次的意思，第一层意思，凹镜首先是镜子的一种，它具有镜子的性质，它反射他物，形成的镜像成虚假颠倒的形象。第二层意思，镜子是西方哲学形而上学的一种典型线性思维方式的反映。在种思维模式下，女性没有自己独立的身份，只是照亮男性的一面镜子，是男性的他者、映像。第三层意思，凹镜的凹透形状同女性的身体结构有同构性，它指代女性生殖器官的"V"字形结构。

在论述的过程中，伊丽格瑞也采用凹镜的模式，没有开头也没有结尾。她的论述主要由三部分构成。第一部分，伊丽格瑞首先对弗洛伊德进行了批判。弗洛伊德是用精神分析的方式来寻找女性气质的第一人，在他的理论中男性中心主义的思维模式也表现得尤其明显，因此伊丽格瑞首先批判了他。弗洛伊德在《女性气质》一文中，主要运

---

① Luce Irigaray, Trans. Gillian C. Gill. Ithaca, *Speculum of the other woman*, N.Y.: Cornell University Press, 1985, p.155.

② http://baike.baidu.com/item/工业透视镜

③ 吴秀莲：《性别差异的伦理学——伊丽格瑞女性主义伦理思想研究》，《哲学动态》2011年第5期。

④ 刘岩：《差异之美：伊里加蕾的女性主义研究》，北京大学出版社2010年版。

用精神分析的性本能学说、幼儿性欲论的理论讲述了女性性别身份形成的过程。为了解释清楚两性形成过程中女性的形成，他提出了两个假设："阳具嫉妒"和"恋父情结"。阳具嫉妒是指女孩成长过程中发现与男孩的不同，由于男孩生殖器的外露，使小女孩感到自己的缺失和对男孩产生嫉妒心理。恋父情结是指女孩由对母亲的依恋转向对父亲的崇拜和羡慕。弗洛伊德认为无论男女在婴儿阶段都是一样的，都具有双性特征，即"小女孩就是小男孩"。在前俄狄浦斯情结之前，小女孩和小男孩的性欲对象都是母亲。在此之后，小女孩必须经过"阳具嫉妒"和"恋父情结"两个过程，才能完成从女孩到女人的转变。

伊丽格瑞对弗洛伊德"女性气质"的反驳，主要是通过几个问题的形式来表现的：第一，女性在科学领域是否未知；第二，小女孩是否仅仅是小男孩；第三，女孩是否有"阉割焦虑"和"阳具嫉妒"；第四，女性的成长是否为痛苦的经历；第五，女性是否具有性欲；第六，子女是否能够成为阳具的代替物；第七，女性是否是缺失的。

伊丽格瑞的论证采取的是对话的形式。她先引用的是弗洛伊德的观点："在解剖学中只能看到男性的阳具，女性的阴蒂也是由相同的器官发展而来，只是发现的形式不同罢了。它们可能拥有相同的内部购置，但发展成为了两种不同的形式。"[①] 因此女性被解释为男性相反的情况，是阳具生殖必然的需要。女性的性就像黑白照片中的底板背景，是"黑色的"。因此"在任何情况下，文化的，社会的，经济的价值评价都把女性特征和物质和母性联系在一起：喂养孩子，还原男性。根据主流意识，女孩在发育成熟前是没有价值的"[②]。伊丽格瑞批判弗洛伊德的这些论述都是从男性视角下进行的，女性的身体在他的理论中只是男性的镜子，他的理论反映的只是男性对女性的需求和价值判断。弗洛伊德的论述根本就没有真正意义上去寻找女性，解释女

---

① Freud, Sigmund, *Femininity. The Standard Edition of the Complete Psychological Works of Sigmund Freud*, Vol. xxii, London: The Hogarth Press, 1964, p.113.

② Luce Irigaray, Trans. Gillian C. Gill. Ithaca, *Speculum of the other woman*, N.Y: Cornell University Press, 1985, p.25.

性和发现女性。伊丽格瑞质问道:"为什么他要将这一阶段描述成为'正常女性的'必然步骤呢?而且在女性性别特征的讨论中,如果真的有什么阶段的话,为什么不去考虑是否有,比如说,一个外阴阶段,阴道阶段,或者子宫阶段呢?"①

伊丽格瑞批判了弗洛伊德认为女孩成长为女性的两个必经阶段。在第一个阶段中,小女孩的性快感不能简单地等同于男孩,她不单单是和男孩一样具有裸露在外面的阴蒂,她还具有外阴道、阴道和子宫等其他性器官的性潜质。弗洛伊德简单地把女孩的阴蒂等同于男孩的阳具,没有完全了解和关注女性身体本身。其关于女性的"阳具嫉妒"的假设,是男性以自己的感觉对女性的一种猜测和推论。他的意图是确立男性自身和男性对女性的价值判断标准。"你只要认为女性嫉妒男性的阴茎,男性就能心安理得地认识到自己毕竟拥有它。"② 在第二个阶段中,伊丽格瑞对"恋父情结"提出了六点质疑,其一,如果男孩的恋母情结一直存在,那么他成长后对妻子的爱又如何解释。其二,为了符合男性的恋母情结,女性必须扮演男性母亲的角色,使得男性和孩子们成为兄弟姐妹。其三,为什么女性要进行性别转变?难道她的最终目的就是想要变得像她婆婆那样么?其四,女性为了和男性保持一致,需要放弃她最初爱的对象(母亲)?其五,在解释小女孩对母亲的爱时,弗洛伊德仍然使用的和男孩一样的男性话语。其六,在提到女性的话语时,弗洛伊德使用的"生物的命运",母性的"命运"等词汇。伊丽格瑞认为,这是阳具中心主义的根本所在,是男性社会文化、法律制度等压迫女性的根源。伊丽格瑞尤其批判了弗洛伊德关于小女孩希望有阴茎替代自己次品阴蒂的说法:"这并非拙劣的戏剧化表演。人们能够想象到发生在弗洛伊德这位精神分析学家的咨询室里这种认同的情景。既然他告诉我们,人们为了相信必须亲眼所见,那么就应该提出他们各自与观看、眼睛和性别差异的关系。

---

① Luce Irigaray, Trans. Gillian C. Gill. Ithaca, *Speculum of the other woman*, N.Y: Cornell University Press, 1985, p. 29.

② [挪威] 陶丽·莫依:《性与文本的政治》,杨建法、赵拓译,时代文艺出版社1992年版,第175页。

人们为了评论这种事情就不应该亲眼看一下么?也许……但还是应该……除了所有的权力和差异,其他都可以观看吗?弗洛伊德能够看到且又被别人看到吗?不让人看到他在看?甚至不对其视力提出疑问?这就是我们对于这种百事不厌的观看,对于这种知识产生方式嫉妒的原因吗?驾驭生殖器/女人/性的力量。他会认为我没有这种观看的能力,他会以一只眼睛作为判断标准。我无法明白他是否有这样的眼睛,是否比我的眼睛更具有观察力。我们不应该忘记,弗洛伊德任何一个例证中,'阉割'的知识都与观看相关,而这种观看却又是多么的靠不住。"①

伊丽格瑞认为,弗洛伊德的理论没有给女性留下存在的空间,她们只能通过把自身纳入男性的身份之中来体现自我。她采取"模仿"的方式来批判他的阳具中心主义。"模仿"就是对男性话语的模仿,女性的这种模仿应是过度的模仿表演。它是模仿男性的话语模式,并出此得出矛盾的结论。以这种方式展现男性话语的荒谬性和霸权性。两性差异正是在模仿中体现出来,女性所隐藏的东西正是在模仿中显现了,被语言隐匿的女性性征显现了出来,女性的他者性也显现了。总之,女性在模仿中显现了女性气质,这正是摆脱阳具统治操纵的开端。拒绝阳具中心主义,将女性从男性之内解放出来是伊丽格瑞的任务和目标。但这种解放不是构造一种模型,并且在这种模型中不允许男性的存在。因为伊丽格瑞认为这样会导致女性性中心主义,陷入本质主义的轮回。因此伊丽格瑞断言:"女性不必通过建立一种女性逻辑佯装与男子抗争;这种逻辑还会把本体神学作为自身的模式。她们不应该将这一问题表述为'什么是女性',而是应该重复阐释女性在话语之内被界定为缺失、缺陷或主体的模仿和否定形象的方式;她们应该表明,就这种逻各斯而言,女性这一边,是可能超越和扰乱这一逻辑的。"②

---

① Luce Irigaray, Trans. Gillian C. Gill. Ithaca, *Speculum of the other woman*, N.Y.: Cornell University Press, 1985, p. 53.

② Luce Irigaray, Trans. Catherine Porter and Carolyn Burke. Ithaca, *This Sex Which Is Not One*, New York: Cornell University Press, 1985, pp. 75–76.

第二章 "性别差异"的哲学本体论基础

《他者女性的窥镜》的第二部分,伊丽格瑞其名为"透视镜"。该部分的内容是从检验"主体"这一概念开始的,伊丽格瑞在此部分中批判了传统哲学中主要哲学家思想中的男性偏见,指出女性没有主体的现状。在批判了弗洛伊德关于主客体关系之后,她开始着手于对柏拉图、亚里士多德、笛卡儿、康德、黑格尔等著名思想家进行批判。伊丽格瑞首先批判的是柏拉图,认为在柏拉图著名的洞穴比喻中,只存在男性主体,而且主体理论只适用于男性。女性通过成为"女性",在话语中使自己屈从于客体化。也就是说,女性是反射男人的镜子,她只能反射他人而不能表达自我。用来发现光明的是男人的眼睛,也是男性特征的象征物,女性不具有发现智慧和光明的眼睛。接着,伊丽格瑞罗列出柏拉图著作中有关女性的描述部分,更加印证了柏拉图关于女性的定义。

《阿尔喀比亚德篇》120b:噢,不,我的朋友,我确实错了。我想你最好应该注意一下美狄亚那个养鹌鹑的人以及他的同类,他们都是管理我们政治的人。在他们中间,正如女人们注意到的,你可以看到,他们的头上还留着被剪去的奴隶的发痕;他们心智的短缺就如同他们被剪去头发的脑袋,他们只是用野蛮的方言来唠叨我们而非统治我们。

《裴多篇》60a:当她看到我们时,她哭出声,并以一个真正女人的方式号啕起来,苏格拉底转向克里同说:"克里同,让人带她回家去吧。"

《会饮篇》176e:然后,厄里什马克说,如果你们都同意饮酒是自愿的、不带任何强迫性的活动,那么我建议,把刚才进来的吹笛女郎打发走,让她们吹给她自己听去,或者她愿意的话,到她们女人堆里吹去。现在且让我们用交谈来替代那笛声吧。

《理想国》Ⅲ395d-e:那么,我说,我们不能允许那些我们精心培育的人,那些我们期望成为好人的人去模仿一个女人——无论老少——不得模仿她与丈夫争吵,不得模仿她在其欢乐中的不敬神祇,不得模仿她在悲伤中的哭泣憔悴,更不必说去模仿恋爱和分娩中的女人了。

《蒂迈欧篇》90e-91a：一个生于世上的，而行为懦弱、生活不当的男人有足够理由被设想他将在下一次出生变成女人，变成具有女人特性的人。由于这个原因，当时神在我们男人中种下了性交的欲望。

伊丽格瑞认为，在这些描述中充满了对女性的贬低，说明了柏拉图对于女性的看法：没有主体地位，且性别底下。因此，索引完这些之后伊丽格瑞没有任何评论，认为这是不用言说的。

接着，伊丽格瑞开始审视亚里士多德关于女性的讨论。亚里士多德认为女性是第一质料，她没有形式，没有目的，是男性的欲望把她变得"美丽"。"更进一步说，男孩子实际上在体质上与女人相似，女人是无生殖力的男性。"[①] 也就是说，不存在女性，或者说女性仅仅"存留在未实现的潜在可能性之中"。伊丽格瑞模拟了蒲鲁提纳斯（Plotinus）的观点，对其进行讽刺。提出了一系列反问语句："她在本质上是为别人并通过别人的存在而存在的吗？在她所享有的实体物质中，她不仅相对于男人是第二性的，而且她存在与不存在都差不多。她的存在论地位决定了她是未完成的和不可完成的。她永远无法达到自身形式的完满。或许她的形式不得不仅仅作为一种残缺被荒谬的看待？由于女人永远不可能在存在中并通过存在而得到确认，而只能留在对立面的同时共存之中，因而这个问题永远是不确定的。她既是这个又是那个。举个例子说，她既是衰败的又是生长的，这预示着她与永恒之间可能具有的相似性出了问题。永恒却与潜在可能性无关。同样，她既不是这个又不是那个，或者可否说她置身于这个和那个之间？置身于两个分离的肉体的不可捉摸的裂缝之间？置身于一种肉体的两种现实化之间？那鸿沟又意味着总有变化发生，意味着其间某处任何事物都能以别样的方式被重新界定。她是不是男人具有的在物理世界中行动能力的另一面呢？她是否属于自身或处于自身之余的多余之物，但实质上只是作为非主体的多余之物？她作为非主体的多余之物又永远无法自由的获得主体身份。她是现存者在他的画像中借

---

① ［古希腊］亚里士多德：《动物生成论》，A.L. 派克译，哈佛大学出版社 1963 年版，第 103 页。

以保有、持存、完善他自己的必要条件吗？"① 根据原来的假设，可以得出一系列荒谬的推论，可见假设的不正确性。

伊丽格瑞批判了笛卡儿的"松果腺"说，还主要重新讨论了精神和肉体的关系问题。首先，伊丽格瑞对于"我思故我在"进行了重新分析。她认为"我'思'的重要性，同时也把所有我思想观念的客观现实性夷为平地。思谁？思什么？以何种方式为何而思？在我被当下确认的存在中，谁为我提供我之所思？谁为我提供我之直接所思之物？谁在我独一无二的存在之外设置了其他事物让我去渴望思？谁将取代，或者代替我？我是一个不可能永远逗留在怀疑中的固定点"②。这是伊丽格瑞对于纯粹精神永恒存在的担心，同时也说明她对于肉体的重视。接下来，伊丽格瑞分析了肉体之于精神的重要性。她认为："肉体之间最令人满意的行为方式是它们的行动既可维持单个肉体，又要维持所有肉体的和谐一致。它们处于一种和平的互补共存之中。"③ 肉体的存在还必须满足以下三点：第一，不打扰其他肉体的运动性和静止性；第二，不影响其他肉体自由运动的动因，愉快的存在于自由意志活动之中；第三，不影响其他肉体扎根于大地的原动力。"我"之所以具有独特身份，是精神和肉体的统一。肉体是本质上不可定义、不可忽视的，既不通过可触摸性，也不通过不可入性，更不通过广延性加以定义，肉体的定义属于它自身的第四维度。这种"我思故我在"的思维模式，忽略的肉体的重要性。

伊丽格瑞首先对康德的先验性进行批判，认为超验体系的功能将是对可感世界内在品质的否定和取消，而这一否定却是无法挽回的，错误是致命的。客体也有存在的空间和时间：第一，客体为空间划界的时间；第二，客体用以将自己建构为经验直观的中介的时间；第三，客体用以把自己建构为由经验性的到普遍性的先天范畴的组织手段所需的时间。这三种意义上的时间，能够重新揭示客体所扮演的角

---

① Luce Irigaraya, Trans. Gillian C. Gill. Ithaca, *Speculum of the other woman*, N.Y.: Cornell University Press, 1985, p. 165.

② Ibid., p. 187.

③ Ibid., p. 165.

色。接着，伊丽格瑞以男女关系为例重新探讨了主客体关系。女人对于男人三种不同的吸引力，可爱、漂亮和崇高，最终都有赖于男人心中对于女人的喜爱偏好。这种男女关系，体现了男人把女性当作欣赏的"客体"。同样，自然也被证明是有用的。理念以不同的方式在被可感知的自然中被呈现出来，并且通过影像而得以现实化。因此，可感世界并非次要的、第二位的。

伊丽格瑞通过分析血液的本质，假定了一种未被玷污的男女之间的关系，即哥哥妹妹之间的关系。但是根据这种假设，会导致一系列的伦理问题。黑格尔揭示着他对一种充满性意味的关系的欲望，然而这种充满性意味的关系并不需要性欲的现实化的传递。从理论上讲，兄妹在血液循环的不同阶段都处于和谐当中，但是他们在消化吸收的过程中现在已经出现了无法挽回的分离。因为即便二者之中女性的一个可以在男性的另一个中辨认出她自己，也中辨认也不一定是真实的。这样，伊丽格瑞成功地把血缘的平衡建立、变异和消解掉了。女性是一面活生生的镜子，她是一个反射源，反射着自我身份发展的自主性。她是一个被赋予特权的场所，在此场所中血液相互交融，但女性自身却没有在此过程中得到任何好处。于是，男性与女性分离的越来越远。所以，起初的那个兄妹间的假设是不成立的。接着，伊丽格瑞对现状进行描述。她认为，根据黑格尔的理论假设，男女双方的理想状态中并不影响把意识角色赋予男性身份。因此，女性被保留在无意识的境地，在历史发展中并不扮演积极的角色。因为女人只是反映男人境况的一面镜子，只是为了自我扬弃活动提供工具和场所。

在对笛卡儿、康德、黑格尔的哲学概念进行分析之后，伊丽格瑞开始对女性进行描述。她认为，是因为母亲这一角色使得女性被撕裂、肢解的状态被暂时地掩盖住了。

> 现在，女性并不是只有一个性器官，或者一个整体的性（因此经常被解释为没有性），她（它的性器官）并不能包括在一个通用或专门的术语中。身体，乳房，耻骨，阴蒂，阴唇，阴口，子宫颈，子宫……这种散落的给予她们快感的"无"：所有这些衬托都

试图降低女性性的多样性能有一个合适的名字，一个合适的意义，一个合适的概念。因此，女性的性征在这些任何一种理论中都不能被描述，除非排除了其中的男性因素。(Luce Irigaray, 1985a)

在该书的第三部分中，伊丽格瑞采用倒叙的方式又回到了柏拉图。这样整个文本的三部分结构就形成了一种"凹镜"的效果。伊丽格瑞在本部分的开篇对柏拉图的洞穴比喻提出了三点质疑，其一，柏拉图把洞穴内的墙壁空间比喻成女性的子宫。在柏拉图的洞穴比喻中有三种存在。第一种是具有最高地位的理念，它是世界万物的本原，其他的一切只是它的复制品。洞穴内的其他一切场景，只不过是为了体现和确保它的至高无上的统治地位。第二种是洞穴墙壁之外的人，他们处在洞穴之外的光明的世界中，可以看到真实的理念世界。第三种是洞中的囚徒，他们可以说是看不到理念的愚民。他们只能看到投影在洞穴墙面上的影像，这些影像是理念的投影，它的价值在于和理念具有同一性，分有了理念。这些愚民只有在哲学家这样的智者的引领下走出洞穴之后，才能见到最终的真实世界——理念。女性的子宫好比墙壁，她的作用只是能够反映理念的影子，它并不分有理念，和理念也没有有同一性。其二，柏拉图遗忘了外界通往洞穴的通道，而此狭长的通道如同女性子宫通往外界的阴道。伊丽格瑞认为，忘记通往洞穴的通道，就好比忘记女性的阴道，忘记女性生育时让孩子从阴道生出的痛苦。其三，伊丽格瑞对于哲学家从墙内走出墙外的出口问题提出质疑。认为走出墙外的智者逃出枷锁，走出墙外都存在疑点。枷锁为什么那么容易就被逃脱？走出墙外的通道又在哪里？伊丽格瑞嘲笑说："如果世界都是如此从洞中解放出来的人，那么就是一个鬼魅的世界。"(Luce Irigaray, 1985a) 对于伊丽格瑞对柏拉图"洞穴"说批判，国内外学者都有所评价。惠特福德这样评价伊丽格瑞对该比喻的批判："伊丽格瑞对比拉图的理论解读，其独创之处在于她使用精神分析的手法，把原文中忽略的地方反过来加以强调，指出这些被忽略的细节所隐含的机制。……在柏拉图的洞穴比喻中，伊丽格瑞发现了一种试图将母亲除去的原初场景（幻想中父母亲的结合）……其效果是：男性的功能取代并融合了女性所有的功能，女性被排斥在这一场景之外，但却作为这一场景的支撑和表现的条件。"① 国内有学者这样评价伊丽格瑞对"洞穴"比喻的解读："柏拉图的洞穴寓言被解读成一则菲勒斯——逻各斯中心主义经济的隐喻，关乎真理、在场和对先验能指的依赖。针对柏拉图寓言的父权制三重世界：洞穴、尘世和理式（the cavern, the world, the Forms），伊丽格瑞颠倒其顺序，提出另一种三重结构与之对应：同一、同一之他者和他者之他者（the Same, the 'other of the same', the 'other of the other'）。根据这种解读，柏拉图的理念王国成为'同一'王国，真理就是与大写的自我认同；尘世是'同一之他者'，其他者性在于或多或少的模仿；洞穴则对应了'他者之他者'，因为它并不以物质性出现在另两个世界中。伊丽格瑞对其他哲学文本的批判解读中，这一图式进一步扩展，于是'同一'王国成了男性恋/同性恋经济，女性在其中不过是交换的对象；'同一之他者'现在指的是生活在父权制下的女性，她们是依照男性标准再现的；而'他者之他者'则是尚不存在的女性同性恋经济，是女性回到女性中间，是女性的自我之爱。只有作为'他者之他者'的女性进入语言、进入文化与社会的想象和象征过程时，才会有（性别）差异真正生成的条件。"②

伊丽格瑞整个论述的三部分结构形成了一种"凹镜"的效果。这种批判是反父权制批判的令人鼓舞的范例，斯比瓦克在赞扬法国女性主义解决主要理论形式的巧妙方法时，这样赞许伊丽格瑞："从长远的观点看，法国女性主义为我们提供了一个锻炼的机会，我们所获得的最有用的东西是'症状阅读'的政治批评范例。它往往并不依循解构阅读的逆转——代替技巧。这种方法在于褒扬先锋派时似乎具有复原性，当它用于揭示主导话语时，则造成了富有成效的冲突。"③ 该书尚未发表，

---

① Whitford, Margaret, *Luce Irigaray: Philosophy in the Feminine*, London: Routledge, 1991c, p. 106.
② 张玫玫：《露丝·伊丽格瑞的女性主体性建构之维》，《国外文学》2009年第2期。
③ Spivak, Gayatri, Chakravorty, *French feminism in an international fram*, Yale French Studies (62), 1981, pp. 154-184.

就使伊丽格瑞失去了大学的教职,她也被驱逐出由拉康主持的弗洛伊德精神分析学派。这些给她的事业带来毁灭性的打击,但也正是这次挫折,标志着她成为该行业中特立独行的理论家,也清楚地印证了该书的女性主义价值。此后,她的理论引起了广泛的批判。1981 年发表在 Signs 和 Feminist Studies 杂志上的两篇文章最具有代表性:克里斯蒂娜(Christine Fauré)的《女神之光,或法国女性主义学术危机》(The Twilight of the Goddessess, or the Intellctual Crisis of French Feminism)和卡罗琳·伯克的《伊丽格瑞的透视镜》(Irigaray Through the Looking Glass)。克里斯蒂娜认为,伊丽格瑞"是一种美学的倒退,以古老的自然主义理想为遮蔽,把女性主义运动推向了'女性'抒情诗的陷阱"[1]。伯克也怀疑"她的哲学代替了她肢解的'阳具中心'主义之后,会避免另外一种理想主义的重构么?她的女人腔表述,类比女性的性征,避免了她所说的那种西方概念系统么?"[2] 陶丽·莫依在《性与文本的政治》中也这样写道:"任何力图形成女性一般理论的尝试都将成为形而上学的,这就是伊丽格瑞的困境:由于已经说明了女性特征只能产生于与'同一性'关系中,她忍受着创造自己的女性主义理论的诱惑,但正如我们所看到的,要阐明'女性'是什么,必须要说明女性的本质。"[3]

"女性不必通过建立一种女性逻辑伴装与男性抗争;这种逻辑还会把本体神学作为自身的模式。他们宁愿根据理性法则(逻各斯)解决这一问题。因此他们不必用'什么是女性'这一形式来陈述。她们必须通过反复解释的方法(在这种方法中,女性发现自己在话语上被确定为贫乏和欠缺,或为主体模仿和颠倒的产物),表明在女性这一边,是可能超越和扰乱这一逻辑的。"[4] 伊丽格瑞意识到这个问题,也

---

[1] Fauré, Christine, *The Twilight of the Goddessess or the Intellctual Crisis of French Feminism*, Signs, 7 (1), 1981, p. 81.

[2] Burke, Carolyn, *Irigaray Through the Looking Glass*, Feminist Studies, 7 (2), 1981, p. 302.

[3] Moi, Toril, *Sexual/Textual Politics: Feminist Literaray Theory*, London; New York: Methuen, 1985, p. 139.

[4] Luce Irigaray, Trans. Catherine Porter and Carolyn Burke. Ithaca, *This Sex Which Is Not One*, N. Y.: Cornell University Press, 1985b, pp. 75–76.

在竭力避免掉入本质论的陷阱。为此她声明自己并没有定义"什么是女性?"而是通过反复解释的方法表明女性。她还明确地指出,女性给自己下定义是徒劳的。伊丽格瑞本人在后来的访谈中,她也对该书中的论述作了评价:这本书没有开头,没有结尾。文本的构造搅乱了一种话语目的论式的线性结构。在那种话语结构里,"女性"一直处于被压抑、被剥削的地位。其次,从弗洛伊德开始,到柏拉图结束,这已经是非线性的"把握"历史。但即使倒着来,仍然无法阐发"女性"是什么的问题。……重要的是应该打乱一切的"男性化"的依据,打乱根据阳具统治秩序编排的场景。这并非是想推到那个秩序并且取而代之,因为那样做不会带来根本的变化,而是要从一定程度上未接受阳具统治控制之外的事物开始,打破和修改它。①

伊丽格瑞的"镜像说"提出了女性不仅可以反射男性,也可以内视自我。她对以往哲学进行了"内视性"的批判,这只是伊丽格瑞性别理论构建的第一步,她的批判是为她建立女性主体而服务的。伊丽格瑞性别差异理论构建的第二步,就是创造性地描述了"女性的性征",认为如果男性性征集中于一点的话,女性的性快感则是多元的,是全身心的,是离散和杂乱的。对于女性特征的解释,主要集中上面提到她的另一本著作《非"一"之性》当中。

第二节 伊丽格瑞对于女性身份的确立

一 女性的性征:"双唇"

伊丽格瑞在《他者女性的窥镜》一书中,对西方传统哲学进行颠覆性的批判之后,开始着力定义女性性征,寻找女性独立的身份,其早期著作的另外一本代表作《非"一"之性》表述的正是这部分内

---

① Luce Irigaray, Trans. Catherine Porter and Carolyn Burke. Ithaca, *This Sex Which Is Not One*, N. Y.: Cornell University Press, 1985b, p. 68.

容。这本书的名称在中文翻译的过程中就遇到了困难,"One"在此具有多种意义:特指男性"同一性",类似于中国哲学中的"道生一"里的"一";还有可能指的是男性生殖器的形状特征,形象上看起来像阿拉伯数字的"1";也有可能是独"一"无二、至高无上的。因此在翻译的过程中出现了很多版本:《非"一"之性》《此性非一》《非一而性》等。

伊丽格瑞将此书取名《非"一"之性》有其独特的意义。首先,这里的"一"是弗洛伊德的性别理论中男性性器官的标志。它是定义性征的中心,是绝对的"一"。这个绝对的"一"是男权社会的权力、意义、话语权、真理、法律等的代表。男性独有的"一"是他们社会权力象征的意义和话语终极权力的象征。弗洛伊德没有定义女性的性征,只是参照男性性征的定义给女性性征以描述:由于女性没有阳具,因此被定义为"缺乏""萎缩"或是"阴茎嫉妒",阴茎被看作是唯一有价值的性器官。伊丽格瑞批判弗洛伊德的这种观点,她认为把男性的性征看作是绝对的"一",是弗洛伊德性征理论同当时父权制社会相吻合的产物。她指出:"男性的性运作,女性是必要的补充,常常以负面形象示人,总是为男性的性提供具有阴茎意义的自我再现。"[1] 女性的性征被看成是男性性征的否定物,对立物,所以被称为非"一"。女性没有自己独立的性征和身份,因此长期以来"生活在黑暗之中,隐藏在面纱之后,躲避在房子里"。

伊丽格瑞认为,弗洛伊德的这种对女性性征的定义是性别不平等的根源,是父权社会统治的基础,是女性被边缘化的根本所在。弗洛伊德的定义根本就没有触及女性,没有从女性的角度来思考和定义女性。伊丽格瑞还分析了以往女性自身难以寻找女性身份的原因,因为她们在男性话语模式的统治下无法言说自我,所以她们经常被描述为:"容易激动、不可理喻、心气浮躁、变幻莫测。当然,她的语言东拉西扯,让'他'摸不着头绪,对于理性逻辑而言,言辞矛盾似乎

---

[1] Luce Irigaray, Trans. Catherine Porter and Carolyn Burke. Ithaca, *This Sex Which Is Not One*, N. Y.: Cornell University Press, 1985, p. 70.

是疯话，使用预制好的符码的人是听不进这种语言的……她几乎从不把自己与闲话分开，感叹、小秘密、吞吞吐吐；她返回来，恰恰是为了以另一快感或痛感点重新开始。只有以不同的方式去谛听她，才能听见处于不断的编织过程中的'另一意义'，既能不停地拥抱词语，同时也能抛开它们，使之避免成为固定的东西。当'她'说出什么时，那已经不再是她想说的意思了。"① 伊丽格瑞要彻底消除这种不平等，从根本上找到女性自身的性征和身份。她同弗洛伊德一样，从生理角度出发对女性性征进行了创造性的描述：

女性不需要中介，她可以内在地触摸自己，主动或被动很难辨别。女性可以不停地"触摸自己"，谁也不能阻止她这样做，因为她的性器官是由持续接触的双唇组成的。因此，她在身体里已经是二者了，不能分开的、可以互相抚摸的二者。

她既不是一，也不是二。严格地讲，她不能被定义为一个人，也不能被定义为两个人。更进一步说，她没有"合适"的名字。她的性器官不是一个，也不是没有。

女性具有性器官么？她至少具有两个，它们不可以只看作是"一"。事实上她有更多。她的性征至少是两个，甚至更多：它是复数的。……女性的性征或多或少地存在于任何地方。几乎所有的地方，她都能感到快感。……事实上，女性的性快感不区分阴蒂的主动和阴道的被动，两者也不能互相代替，它们都有不可替代的贡献。在这些触摸中……乳房、阴蒂、阴唇、子宫颈、子宫，等等。②

这是伊丽格瑞对女性性征做出的创造性的定义。伊丽格瑞提出了有别于男性阳具的"双唇"，即"嘴唇"和"阴唇"。她认为女性的

---

① Luce Irigaray, Trans. Catherine Porter and Carolyn Burke. Ithaca, *This Sex Which Is Not One*, N.Y.: Cornell University Press, 1985, p. 70.

② Ibid., pp. 24—28.

性征可以用"双唇"来象征。女性的性征像具有以下几方面的含义：第一，多元性。"双唇"一样不是唯一的，是多元的、复杂的。女性的性器官有许多部分组成（阴唇、阴道、阴蒂、子宫、乳房等），因此她的快感也是多重的、无穷的，女性快感的分布也是杂乱的。女性对什么都没有欲望，与此同时对什么也都有欲望。第二，女性的性征是触觉型的。女性的性快感不同于男性的视觉效果，她是触觉性的。"视觉（关注）的广泛运用，形式的歧视和形式的个性化，是与女性情欲格格不入的。女性大都通过触觉而不是视觉获得快感。她进入一个更为广阔的结构再次意味着她被贬抑为被动者：她将成为美丽的客体……在这个表现与欲望的系统中，阴道是一道裂缝，是表现的窥体欲目标的一个洞穴。古希腊雕塑已经容许把这种'没什么可看'的部位从这种表现的场景中排除出去……女性的性器官从这场景中消失了——它们没掩盖起来，女性的'裂缝'被缝合了。"[1] 第三，女性的特征是复合的，并不属于某种单一的模式，排除在一切"特性"之外。"特性和礼节，毫无疑问属于女性的一切格格不入的，至少从性欲角度讲是这样。但是'亲密'对于女性来说却不陌生。亲密的如此无间以至于无法区分彼此，任何形式的特性都无法区分。女人与他们享受着一种很亲近而又无法独占彼此的关系当中，其程度远胜过她能够占有她自己。"[2] 第四，这种触觉快感不仅体现在两性的性行为中，也体现在婴儿和母亲的交流过程中。伊丽格瑞认为母亲和孩子之间保持着联系，是一种自由支配的关系。这种和孩子的关系，同样构成女性性快感的组成部分，"母性填补了被压抑的女性性快感之间的鸿沟"。这种母性的性快感是与男性完全不同的，也是男性所体会不到的。

伊丽格瑞不仅提出了女性的"双唇"概念，在她对女性的描述中，还提到了另一种物质："黏液"。

---

[1] Luce Irigaray, Trans. Catherine Porter and Carolyn Burke. Ithaca, *This Sex Which Is Not One*, N.Y.: Cornell University Press, 1985, p.25.

[2] Ibid., p.30.

二 女性的特质:"黏液"

伊丽格瑞把女性的性(器官)看作是复数的,女性的性快感也是复数的、多元的。女性的结构并不是反射镜,而是一种凹透镜,它独立于一切"特性"之外:"特性和礼节,毫无疑问是与属于女性的一切格格不入的。至少从性欲角度讲是这样。但是亲近对女性却不生疏。亲近的如此紧切以致无法区分出来,任何形式的特性都无法区分或辨清。女性与他人享受着一种很亲近而又无法独占的亲密,其程度远胜过她能够占有她自己。"[1] 女性的这种"亲密"的特性,还来自女性性征中的"黏液"。"黏液"在两性亲密过程中起着重要的作用,尽管一直以来由于各种原因被忽略着。"黏液"是透明的,但它并不是不存在的。在两性行为中和母亲的生产过程中,黏液是不可缺少的润滑剂。

关于"黏膜",伊丽格瑞有过详细的论述:"黏膜无疑被描述为和天使有关,身体的惯性失去了它和黏膜的关系时,它的姿势就和垂死的身体或尸体相关了。"[2] "这种黏液事实上是从内部经历的,在产前和爱的夜晚两性所产生的。在身体感知亲密关系时期更为重要,它是女性的开端。黏液也许占据了女性的心灵空间,一种从未言说的心灵。由于黏液从未出现过,它还处于持久性"问题"的发展阶段。黏液是基于物质的,某种固体物质。"[3]

伊丽格瑞开创性地描述了女性的性征,并且提出了和阳具相对的女性性征的象征:"双唇"和"黏液"。这两种女性性征的象征物,为伊丽格瑞性别差异伦理学的建立起到了哲学本体论的作用。但这一创造性的定义,在女性主义哲学界引起了不小的争论。很多学者认为伊丽格瑞定义的这种女性特征具有不稳定性和流动性。伊丽格瑞的这

---

[1] Luce Irigaray, Trans. Catherine Porter and Carolyn Burke. Ithaca, *This Sex Which Is Not One*, N. Y.: Cornell University Press, 1985, p. 30.

[2] Luce Irigaray, Trans. Carolyn Burke and Gillian C. Gill, *An Ethics of Sexual Difference*, London: The Athlone Press, 1993, p. 17.

[3] Ibid., p. 109.

种多元的、复杂的"阴唇"性征也是来自解剖学和生物学,因此她的理论被一些批评家认为是体现了本质主义特征。但随着对她理论的深入了解,许多学者否定了她本质主义的特点。塞西莉亚(Cecilia S. Joholm)认为在伊丽格瑞的理论中,"阴唇"已经成为一个与"阳具"针锋相对的概念,前者代表"一种不确定性和亲密性的话语",后者则象征"控制和权力"。①"她超越了黑暗大陆中的黑暗大陆,呼吁母亲和女儿都放弃父权文化为她们描述的角色、她们的缺乏,从而进入一个积极的主体与主体的关系之中。"②"阴唇不能仅仅理解为字面上的解剖定义,因为这个意象……暗示着多样、多元,意味着同阳具话语模式不同的一种'接触'模式。"③"它最初是女性身体(大多数情况下未提及)的一部分,但是现在却蕴含着多重象征意义。……阴唇象征着社会契约中被忽略的东西,即女性谱系,女性自身以及女性之间的关系。"④"伊丽格瑞提出的关于女性性征的这一概念,表面看来具有本质主义倾向,但在策略上颠覆和置换了拉康的阳具形态。"⑤"我认为伊丽格瑞的阴唇讽刺性的代表了拉康的阳具。"⑥"阴唇可以被看作结构过程中的第三个运动,这一术语占据了二元对立中间的不可能立场,它同时参与二元对立的双方,但又同时拒绝加入其中的任何一方。"⑦"阴唇是身体的诗学,是书写与再现的方法,其作用是话语间的,而不是指涉性的。简而言之,伊丽格瑞并不是在描述女性性征的真,或世界的组成,她是在创造一种话语,用来挑战和对

---

① Cecilia S. Joholm. , *Crossing Lovers*: *Luce Irigaray's Elemental Passions*, Hypatia, 15.3 (Summer, 2000), p. 92.

② Harcourt, Wendy, *Feminism*, *Body*, *Self*: *Third - GenerationFeminism. Psychoanalys*, *Feminism*, *and the Future of Gender. Eds*, The John Hopkins University Press, 1994, p. 87.

③ Burke, Carolyn. Irigaray, Through the Looking Glass, *Feminist Studies*, 1981, 7 (2), p. 303.

④ Whitford, Margaret, *Irigaray's Body Symbolic*, Hypatia 6.3, Autumn 1991.

⑤ Ibid. .

⑥ Berg. Maggie, Gary Wihl and David Williams, Escaping the Cave: Luce Irigaray and Her Feminist Critics, *Literature and Ethics. Eds.* , Toronto: Toronto University Press, 1988, p. 71.

⑦ Grosz, Elizabeth, Irigaray and the Divine, *Sydney*: *Local Consumption Occasional*, Paper 9, 1986, p. 76.

抗占统治地位的其他话语。"①

伊丽格瑞这一理论一经提出，就受到了广泛的争议，褒贬不一。但随着对其理论的深入理解，目前学术界基本肯定了其关于女性性征的描述，不再提"本质主义色彩"这类的描述。

三 女性的商品价值

伊丽格瑞指出，女性身体的价值一直以来都被看作是男性交换的商品。由于女性的性征一直都被看作是非"一"，是男性性征的"缺乏""虚无"，因此女性在性行为中是被动的，没有快感的。在性行为中，女性只是男性的补充。女性的性行为只是通过男性和为男性生育来体现。这样长此以来，女性就成了男性的补充和附属品。女性身体的价值也就体现在为男性提供性服务和生育服务中。伊丽格瑞认为女性受压迫、受剥削的根本所在，男权社会统治的基础就是弗洛伊德定义的女性是男性性征运作的必要补充，而且常常作为一个否定的形象，为男性性征提供经永恒的阳物的自我再现。对于由此形成的女性地位和女性的商品价值，伊丽格瑞分别通过"话语的权力与女性的从属"和"市场中的女性"来论述。

"传统上来讲，女性是男性的使用价值，是男性之间的交换价值；换句话说，是一种商品。同样，她成了物质实体的守护者，她的价值是由'主体'的工作和欲望或需求来定的：工人，商人，消费者。女性以她的父亲、丈夫、说客为标签。这些标签决定了她在性交换中的价值。女性除非在两个男性竞争性的交换过程中（包括对大地母亲占有的竞争）或多或少地产生价值，否则的话，她什么也不是。"② "我们了解的社会以及我们自己的文化，都基于女性的交换。没有女性的交换，我们就会陷入自然界的无政府状态（？），动物王国的无序状态。进入社会的过程，进入符号序的过程，或进入像这样的序，都是

---

① Grosz, Elizabeth, Irigaray and the Divine, Sydney: *Local Consumption Occasional*, Paper 9, 1986, p.9.

② Luce Irigaray, Trans. Catherine Porter and Carolyn Burke. Ithaca, *This Sex Which Is Not One*, N.Y.: Cornell University Press, p.32.

确定地由男性或男性群体来完成的。根据乱伦禁忌，女性只是环绕在男性周围来完成进入系统的。"①② 伊丽格瑞认为，"在我们的社会秩序里，女性是男性使用和交换的'产品'，她们的地位与商品无异"。伊丽格瑞对于女性"商品"性质的理论是马克思主义政治经济学里的关于家庭和私有制的学说发展而来的。恩格斯在《家庭、所有制和国家的起源》中提到："母权制的被推翻，乃是女性的具有历史意义的失败。丈夫在家中也掌握了权柄，而妻子责备贬低，被奴役，变成丈夫淫欲的奴隶，变成生孩子的简单工具了。"③ 马克思在《资本论》中关于商品的定义中提到，商品是用于交换的劳动产品。商品有它的使用价值和交换价值。"商品首先是一个外界的对象，一个靠自己的属性来满足人的某种需要的物。……物的有用性使物成为使用价值。但这种有用性不是悬在空中的。它决定于商品体的属性，离开了商品体就不存在。"④ 伊丽格瑞认为女性身体具有商品的所有特性，她是男性"劳动"的产品，同时变成使用的对象和价值的承载者。女性的身体同时具有了使用价值和交换价值，用于男性之间的交换，所以伊丽格瑞把女性比喻成马克思主义经济理论中的商品是非常恰当的。女性的价值在男性的交换中产生，价格也被他们的父亲，丈夫和说客烙上阳具的印记。伊丽格瑞还进一步指出，女性作为商品的交换过程伴随并刺激了其他财富在男性间的交换。通过这样对女性和其他商品的交换循环，建构了一个父权社会的运作方式。"女性的身体——通过对女性身体的使用、消费和循环——为社会生活和文化提供了条件，尽管女性身体仍然是社会生活和文化的未知'基础结构'。对于身体的剥削导致性征化的女性，这是我们社会文化视野中至关重要的组成部

---

① Luce Irigaray, Trans. Catherine Porter and Carolyn Burke. Ithaca, *This Sex Which Is Not One*, N. Y.：Cornell University Press, p. 170.

② 该文中的问号是原有，刘岩认为问号是伊丽格瑞对自然界的无政府状态和动物王国无序状态的质疑。此段落的翻译"……进入社会的过程，进入象征秩序的过程，……由于女性在男性——或男性群体——之间的循环而得以保证。乱伦禁忌的法则如是说"，引自刘岩《差异之美：伊里加蕾的女性主义研究》，第42页。

③ ［德］恩格斯：《家庭、所有制和国家的起源》，人民出版社1972年版，第54页。

④ 《马克思恩格斯全集》第五卷，人民出版社2009年版，第47—48页。

分，只有在这一视野中才能得以诠释。"① 由于女性是用于交换的商品，是男性的"劳动产品"，因此她们没有自己独立的身份和地位，她们被视为男性的私有财产。女性只是男性社会的一面镜子，体现和反映的都是男性他者的行为和权力。女性为了当好这面镜子，她们把身体给予男性作为价值的体现，她们牺牲自然和社会价值，她们的一切都成为男性行为的印记、符号和幻想的核心。最后，伊丽格瑞指出女性和商品的六个共同特点：

第一，同商品一样，女性成长为一个"正常的"女性，也需要把自己变成男性的附属品，屈从于男性的规范和法律。正因如此，那些在传统社会成长起来的女性，如果一生未能做母亲，总会觉得是一件令人遗憾的事情，甚至认为人生是不完美的。而如果女性拒绝为男性生儿育女，则被视为大逆不道。

第二，同商品一样，女性的自然使用价值被其交换价值所掩盖。为了实现交换，女性不得不压抑自己的自然价值。正因如此，女性自己的欲望从来得不到满足。

第三，同商品一样，女性没有反射自己的镜子。她只能是男性的镜子，而缺乏属于自己的品质。女性的身体所拥有的价值完全是男性赋予的。如果男性不认可，女性根本没有价值可言。

第四，同商品一样，女性之间无法交换。虽然女性的身体能使她具有交换价值，但这一交换一定是在男性之间进行的。女性由于没有独立的身份，也就缺乏相互交流的基础和前提。也就是说女性的文化是不存在的。

第五，同商品一样，女性也不得不沦为男性权力运用的牺牲品。由于交换过程中的不自觉，女性的价值被交换主体——男性——估价，女性在男性之间被分配。在此过程中，女性无法主宰自己的命运。

---

① Luce Irigaray, Trans. Catherine Porter and Carolyn Burke. Ithaca, *This Sex Which Is Not One*, N. Y.：Cornell University Press, 1985, p. 171.

第六，同商品一样，女性的价值也是针对第三者确定的。在这一情形中，女性的价值是由她与男性的关系决定的，即同阳具的关系决定的。女性之间的相互关系被割断，女性只能依附于男性的价值判断。①

伊丽格瑞揭示出，在传统社会中男性把女性等同于商品的事实。在这个过程中，女性没有自己的身份和地位，是男性的附属品，是男性用于交换的劳动产品。这是伊丽格瑞对女性性征描述之后，对女性生活现状的揭示。女性被视为商品，女性在社会中的身份也只是和女性的身体价值有关的，比如下文中所要探讨的女性的社会身份。

四 女性的社会身份

伊丽格瑞认为，父权社会中的女性没有自己独立的身份和地位，没有自己的权力和独立参与社会活动的能力，她们只是男性社会活动的镜子。女性的身体只有被男性根据男性价值标准估价和交换之后，才能产生社会价值，才能进入社会活动。她们进入社会活动的基础仍然是男性价值标准估价后的身体，这些社会身份对于女性来讲，只是男权社会给予她们的枷锁而已。换句话说，所有历史领域的社会体制都是男性阶级对女性阶级的剥削。女性的生育和家务劳动从未被社会认可和得到价值体现。

女性的社会身份，都是在男性的幻想和期望要求下和女性身体的使用价值相关的。伊丽格瑞看到，在父权社会中女性主要以三种社会身份形式出现：母亲、处女和妓女。作为母亲，女性始终保持了男性无法超越的自然本性。母亲的（再）生产能力是最基本的，尤其是生育子女和家务劳动力。这些通过母性，养育子女和操持家务来表现。她们的所做的工作是维持而不是干涉和改变社会秩序。母亲的一切生产活动都必须在那种秩序之内，因为那种秩序是男性创造的，是男性

---

① Luce Irigaray, Trans. Catherine Porter and Carolyn Burke. Ithaca, *This Sex Which Is Not One*, N.Y.: Cornell University Press, 1985, pp. 187—188.

根据自己的喜好和幻想制定的。一切都是男性的生产，男性创造了人类，创造了"超自然"和存在。母亲的生产也只是男性劳动的结果。

女性的第二种身份就是处女。伊丽格瑞这样描写道："她本身是不存在的，她只是一个皮囊，一个简单的封口，掩盖着社会交换中真正处于危险中的关系。从这个意义上来说，她的身体消失于表现功能之中。"① 女性在没有破处之前，只是有待交换的商品，她的使用价值还没有表现出来，用马克思关于商品的定义来讲，母亲好比是女性的使用价值，男性可以用她来满足自己的任何需要；处女好比是商品的价格，她的自然身体没有使用价值和价值，她的概念可以用"价格"来体现。价格只是用于交换中的媒介，并不具有使用价值和价值。也就是说，女性在破处之前是没有任何社会价值的。

女性的第三种身份就是妓女。妓女的自然身体是有使用价值的，而且她在男性的交换中也实现了她的价值。这也是伊丽格瑞认为女性的身体唯一一种能够得到有偿使用的形式。虽然妓女处在一种剥削的形式之下，但至少是"有偿的"，她们可以在父权制社会背景下得到相应的报酬。但对于女性的身体的性行为的过程中得到快感，伊丽格瑞这样总结道："母亲、处女、妓女：这些就是赋予女性的社会角色。所谓女性性征的特点都是来源于此：生育以及养育的职责，忠诚，谦虚，性快感的缺失；被动地接受男性的'主动'行为；有魅力，能够唤起消费者的欲望，把自己当作物质供给而没有任何快感。……不论是母亲，处女还是妓女，女性都没有获得快感的权力。"②

伊丽格瑞从女性的性别特征出发，描述女性的性别身份和性行为中的作用。她以女性的身份和独特体验描述着以往男性哲学家所忽略或根本就不愿去思考的问题。

---

① Luce Irigaray, Trans. Catherine Porter and Carolyn Burke. Ithaca, *This Sex Which Is Not One*, N.Y.: Cornell University Press, 1985, p.186.
② Ibid., pp.196-197.

第三节 女性主义学者关于性别身份概念的发展与延伸

为了更好地理解伊丽格瑞的性别差异的理论，也为了能够准确地评价伊丽格瑞的理论是否带有本质主义特征，很有必要对女性主义探寻女性身份的整个过程进行一下简单的梳理，这样就可以把伊丽格瑞的理论放入一个历史的过程中来思考和评价。女性主义对于女性身份的哲学思考，普遍一致地认为主要存在三种主流思想："身份"本质论、"身份"构成论和"身份"的多元化和全球性女性主义。

弗洛伊德认为，"性别身份是人类身份的首要构成因素，确立身份的第一步就是对性别的辨别和区分。当你遇见一个人时，所做的第一个判断就是这个人是男性还是女性，而且你总是会做出一个绝对确定的判断"[1]。马克思也从社会关系的角度，提出人和人之间的关系中"最为直接、自然的，必然的关系是男女之间的关系"[2]。在这种男女关系中，性别身份是如何划分的？我们如何才能确定女性的身份？其实女性"性别身份"的确定，对于女性主义运动本身而言，有着非常重要的意义：确立和明确女性主义运动的主体；确立女性主义哲学理论建构的基础；确立女性主义运动发展的范围和方向。

女性主义运动最新一次浪潮更加注重理论的建构，对女性主义哲学基石——女性"身份"的探讨就显得尤为重要了。三种主流思潮中，本质论者基本上认为男女是两个相对立的范畴，男女生理上本质的差异引起了其他各个方面的差异。构成论者基本上否认"男性"和"女性"的概念，认为区分"男性"和"女性"概念是男权思维逻辑的延续，"人"的性别身份是社会构造成的（如文化、教育、服饰

---

[1] Freud, Sigmund, *Femininity. The Standard Edition of the Complete Psychological Works of Sigmund Freud*, Vol. xxii, London: The Hogarth Press, 1964, p. 113.

[2] 《马克思恩格斯全集》第 42 卷，人民出版社 1979 年版，第 119 页。

等)。多元文化和全球女性主义除了关注两性之间的差异之外,他们还融入了其他的因素,诸如关注不同种族、阶级、文化之下的女性内部之间的个体差异。

弗洛伊德对女性"身份"的思考可以看作是身份本质论的主要代表之一。他认为在整个历史过程中,一夫一妻制的实质就是男性拥有"对女性的专属权"。女性没有自己的地位,婚后成为丈夫的专属对象。在《女性气质》一文中,弗洛伊德主要运用精神分析学的性本能学说、幼儿性欲论等核心理论探讨了女性性别身份的形成和发展过程,指出两性的生理差异:一是生殖系统的差异,一是器官、形体和身体组织的差异。他提出女性所独特的心理特征,如恋父情结,还有诸如缺少正义感、社会公共意识等等特征。弗洛伊德的思想启发了很多女性主义者开始对女性本身开始思考,当然他的思想也受到了女性主义者批判性的解读。

女性主义本质论的另一个方法论特征是女性主义学者将女性主义运动与政治概念相结合。艾利森·贾格尔(Alison Jaggar)在其著作《女性主义政治学与人性》中借用了马克思主义的"异化"概念解释到:女性的异化在于她所承担的生育身份和母亲职责,都是被社会构建的,体现了社会价值对女性的要求。女性对自己身体的支配也习惯地遵从父权制的标准,成为男性眼光下的商品,甚至这些异化已经成为女性的内在价值判断标准。因此消除对女性压迫除了从经济角度承认女性家务劳动的价值、鼓励女性更多地进入公共领域参与劳动之外,更多地需要从意识层面消除父权制的影响。戈尔·卢宾(Gayle Rubin)总结了一套"性别制度"说,从人类发展的初级阶段和个人发育的初级阶段中寻找女性受压迫的根源。她具体分析了人类发展初期的"交换女性"制度和个人发育初期的恋母情结:"性别制度曾经有过重要的社会功能,现在它已经失去了其政治、经济和教育的功能。但是在遥远的时代建立的性别制度的残迹至今还在制约着我们对性别的看法,限定着我们的良性观念,决定着我们养育子女的方式。女性主义应该用"文化革命"的方式对人类再生产领域进行改造,这样不仅能解放女性,而且将把整个人类从限制人格发展的两性观念的束缚中解放出来。"① 另一位比较有影响的本质论代表是凯瑟琳·麦金侬（Catherine Mackinnon），她认为男女之间的性关系在男权社会中本身就是压迫与被压迫的权力关系。她的成就主要表现在对国家法律体系的影响上，她认为："必须承认，国家权力和意识（以及合法性）把法律的权力协议为政治现实，这是女性在其危险处境中所忽视的。也必须承认，法律讨论是一个独特但非唯一的强有力的形式。它不是在本质上对'权利'进行批判，而是批判它们的男性形式和内容，由此受到排斥和限制，对上流社会的白人男性来说，一方面把权利批判为本质上就是自由的、个人的、无用的和疏离的……"②

这些对女性"身份"的本质论看法，从某些角度上揭示了女性身份形成的过程，但这种本质论也受到了很多的批评，如美国女性主义哲学家马乔里·米勒（Marjorie Miller）对这种本质论提出了四点批评：(1) 本质的本性推定出一种无法维持的普遍性；(2) 本质的本性是无时间性的，与变化不相容的；(3) 本质的本性是极为局限的——它预见性地界定了一个人可能是什么，能够做什么；(4) 本质的本性设定了某种目的论——事物注定是什么。丹尼斯·赖利（Denise Riley）对本质论也做出了批评，她认为本质论者总是在试图说清楚两性不平等的根源以及性压迫的发展过程，其实这样是陷入了男性单线型思维的模式。她认为："在男权社会中'女性'作为一种身份是一个相对的概念，它是社会的理想形象——男性的反衬。因为男性的标准不稳定，不同的历史时期，不同的社会经济条件产生不同的标准，女性的标准也是不稳定的，暂时的。其二，父权制思维体系具有一种男女对立的二元结构，如果坚持男女两性的区分，便有可能重新陷入这种结构中去。"③

女性"身份"思考的另一大阵营就是"身份"构成论。他们坚决

---

① Rubin, Gayle, *The Traffic in Women. Toward an Anthropology of Women*, New York: Monthly Review Press, 1975, pp. 157-270.

② ［美］凯瑟琳·A. 麦金农：《迈向女性主义的国家理论》，曲广娣译，中国政法大学出版社2007年版，第7页。

③ 肖巍：《关于"性别差异"的哲学争论》，《道德与文明》2007年第4期。

反对本质主义,从本体论上否认存在着统一的"女性"概念,强调身份是社会构建的产物,女性身份由此也处于不断地形成和流变之中。因此只有具体的、特殊的个体,而没有普遍整体的女性,也没有能够解释女性受压迫的统一的理论和解决方法。

波伏娃将存在主义哲学和现实道德结合在一起,在《第二性》中指出:"人不是生来就是女性,而是后来成长为女性的。……除了天生的生理性别,女性的所有'女性'特征都是社会造成的。男性亦然。"在她看来,每个人出生后都是一样的,而后来的性别差异是人对自己性别的学习以及他人对自己性别身份的认识过程。波伏娃的理论带有典型的身份构成论特征。

朱迪思·巴特勒是女性"身份"构成论的典型代表,她的《性别麻烦》也可称为经典之作。她提出的性别表现论认为:人的社会角色是靠"表现"来实现的,性别角色和性别特征是靠性表现决定的,是一种表现行为,例如服装、发式、装饰等。所以"女性"也都是这些社会因素给造就出来的。她认为破除男权制度最有效方法是男女混装。衣服、发式、举止是社会区别男女的主要标准,人们习惯了某种性别角色和特征,就会从原来性别角色中解放出来。当然她的理论只是一个理想的状态,就是当人们不能确定自己的社会性别时,由性别差异引起的性别压迫就会消失。巴特勒性别表现理论的提出,在当时引起了不小的轰动,有人担心这种"性别"构造论会走向极端,引发消除"女性"主体的后果。这些学者认为,如果社会角色是由社会话语等因素构造而成的,通过"构造"来改变性别差异,那么最终将导致没有性别差异的后果。这种对本质、真理、客观性的全面解构,在消解了"同一性"的同时,也动摇了女性主义自身存在的根基。

除了这两种主流的关于女性"身份"的理论外,还有的学者试图在两者之间找到调和点的,也有想在这两种理论之外寻找新出发点的理论,甚至走得更为激进。舒拉米斯·费尔斯通(Shulamith Firestone)在其著名的《性的辩证法》中指出:女性在生育中担当承受者的身份,引起了以生物特征为基础的歧视和等级制度。因此,女性摆脱奴役的方法就是控制自己的身体,利用生育技术的革命使女性从生育中唯一的承担者角色中解脱出来。那么维系男性气质与女性气质的基础将不再存在，人们完全可以自由地按照本性发展选择适合自己的气质特征，使得"人们生殖力的差异将不再具有文化意义……生物性上的家庭暴政终将打破"①。费尔斯通所设想的女性主义革命的最终成果是：消除性别歧视之后的社会中存在着的都是兼具男性气质和女性气质的人，而不是现在社会性别制度之下的"男性"和"女性"。另一名激进女性主义者凯特·米利特（Kate Millett）也赞同这种"雌雄同体"，她认为这是实现男女平等之后最好的人格特征。但与费尔斯通不同的是，米利特认为并非所有男性气质和女性气质都是值得肯定的，"雌雄同体"的人格是结合了男女气质中具有正面价值的特征，譬如男性的勇敢和女性的慈悲。也有激进女性主义者认为"雌雄同体"的人格应该更多地结合女性气质，而不是男性气质，因为男性气质影响下的父权社会充满了冲突，而女性气质更贴近于自然的、原始的和谐。玛丽琳·弗伦奇（Marilyn French）在《超越权力》中就主张在更女性化的形式下构建合作性的权力关系。更有激进的女性主义者如玛丽·戴利（Mary Daly）甚至连"雌雄同体"的人格都不赞同，认为这些都是父权制构建的产物，女性真正找回"身份"的方法就是抛弃一切气质特征的要求，毫无顾忌地发挥自己的内在潜能。

　　一些黑人女性主义学者、第三世界国家女性主义学者、同性恋女性主义等等在内的女性主义学者也认为，除了两性之间的差异之外，还应该关注不同种族、阶级、文化之下的女性内部之间的差异。她们认为每个具体的女性身上都有着多重的身份，不能简单地统一归类。因此她们主张同一国家或地区内，女性因为年龄、信仰、职业、性取向、健康状态、受教育程度等因素的不同而具有不同的地位，她们要反对的压迫和要争取的目标都需要区别对待。全球性女性主义则更注重国别差异对不同国家的女性造成不同的压迫。面对女性内部的这些

---

① Firestone, Shulamith, *Dialectic of Sex: the case for feminist revolution*. Farrar, Straus and Giroux, 2003, pp. 11-12.

差异，鲁宾·摩根（Rubin Morgan）和伊丽莎白·斯佩尔曼（Elizabeth Spelman）提出了"真诚"的观点，意识到自己认识的有限性，包容彼此之间的差异，并且号召更大范围内的女性参与到合作之中，发展适当的多元文化和全球化的女性主义理论。

女性主义学者安吉拉·迈尔（Angela Mile）曾提出"整合女性主义"的概念，这一概念"来自不同类型的女性主义知识生产，这种女性主义是全球的而不是民族的，它建立在本土社会运动的基础上，包括带有各自本土女性主义特色的女性，它也建立在哲学家与那些理论家之间的争论上，她们从积极参与基层女性主义者所关注的具体问题中抽象出理论来"[①]。"整合女性"同样也是一种流动性的、非固定性的概念，它体系出一种社会身份充分，这种身份是所有女性为之共同奋斗的目标：性别平等。

朱丽叶·米切尔（Juliet Mitchell）是著名的精神分析女性主义理论家，她认为精神分析为女性主义提供了一个视角，可以由此透视男权意识形态是怎样被男女两性双方内在化的，同时为女性主义者提供了一个崭新视角来理解不依赖于生理特征的性别差异。她的著名作品《妇女：最漫长的革命：女性主义、文学与精神分析文集》中的《妇女：最漫长的革命》，曾在西方女性主义思想中占有重要的地位。米切尔指出女性被剥夺被压迫是有四个领域开展的：生产、生殖、性以及儿童的社会教化，这四大压迫结构既相对独立又相互依存。只有改变结合成一个整体的这四大结构，妇女才能真正获得解放。《千禧之际的女性主义与精神分析》是米切尔又一代表性的文章，初稿是她1999年在伦敦伯克贝克学院的讲话。在文中她回顾了25年间女性主义与精神分析的发展状况，认为精神分析的方法是思考女性性征表现和女性气质的好方法。

在女性主义者对女性"身份"探讨的过程中，本质论者勇敢地不回避男女两性生理上自然性别（sex）的差异，从这种生理上本质的到心理和精神分析的差别入手分析和界定女性"身份"，有的还加入

[①] 邱仁宗：《女性主义哲学与公共政策》，中国社会科学出版社2004年版，第20页。

些政治和经济等因素考虑。"身份"构成论者则是从男女两性的社会性别（gender）的差异出发，强调后天培养以及社会环境等因素，从社会整体生活环境考虑方面界定女性"身份"。多元化和全球性女性主义者综合考虑的因素更为广泛，包括国家、地域、民族、阶级等，更具有全面性和复杂性。尽管女性主义学者内部对于女性"身份"的界定也存在着差异性和不统一性，但正是这种差异性和不统一性才更能体现出女性主义哲学多元性、差异性、包容性和开放性的特点。关于女性"身份"的界定都是女性主义在强调自身的体验的同时获得的哲学概念。在我们强调一致性的传统思维中是否更应该怀着包容的心态去换一个角度，鼓励这些女性主义与哲学关系的不同概念之间的持续争论，而获得更趋近于真理的哲学认识。"性别身份"的讨论和认识，不仅有利于女性主义运动对自身主体的明确，也为女性主义哲学的讨论带来了新的方法和视角。女性主义者在各自不同的"性别身份"的哲学主体下，建立了各自的女性主义伦理学、政治学、认识论等哲学观点，使女性主义哲学成为一股新生的、不容忽视的哲学力量。但是女性主义哲学要彻底找到统一的思想，从而真正找到形而上学的基石，建立女性主义哲学体系还需要有更为深刻的思考和严密的论证。[①]

　　值得注意的是，伊丽格瑞一直以来也被很多人认为是本质主义者，而且也是运用了弗洛伊德、拉康等人的精神分析的方法，从生物学角度出发描述女性。还有一部分学者认为伊丽格瑞的"双唇"理论就带有本质主义的特征。伊莱恩·肖瓦尔特就认为："简单的引用解剖学的概念，会引起回到原始的本质主义的危险，那种压迫女性的阳具和卵巢的理论。"[②] 卡罗林·伯克在她的文章中也有过对伊丽格瑞类似的批评："伊丽格瑞的思想从'身体'出发开始论证有其微妙之处，

[①] 该部分内容已经以《女性"性别身份"的哲学思考》为题发表于《山西师范大学学报》2012 年第 2 期。

[②] Showalter, Elaine, ed. Elizabeth Abel, *Feminist criticism in the wildness In Writing and sexual difference*, Chicago: The University of Chicago Press, pp. 9–36.

但确实要指出她的本质主义。"① 对伊丽格瑞的这些本质主义的批评，焦点在于她的"阴唇"概念是一个隐喻的手法还是解剖学意义上的身体概念。对于这个问题的解释，伊丽格瑞当然也有自己的守护者和支持者。简·盖洛普（Jane Gallop）在她的文章中这样解释伊丽格瑞："伊丽格瑞关于女性的'阴唇'，是一种结构而不是一种关于身体的反映；伊丽格瑞的本质主义，要在一个大的反本质主义的工程内看待，它是一种创造性的重构，一种对身体的重新比喻。"② 玛格丽特·惠特福德也有类似的观点，她认为伊丽格瑞有时确实模糊了社会和生物学的区别，但"这明显是在一种特殊的历史和文化环境下采用的手段"③。这些都有力地回应了关于伊丽格瑞本质主义倾向的说法。直到"策略性本质主义"这个名词的出现才有人认为：伊丽格瑞的"性别差异"是一个本体论事实。

伊丽格瑞从女性独特的身体特征出发，致力于描述男性如何建构了父权社会，并用单一的男性视角诠释世界。在文章《非"一"之性》中，她指出男性性征以单数"一"为标志，而女性的性征则是复数的，并对女性性征做出了描述："女性并非只有一个性器官，她至少有两个，甚至有许多个性器官。"她认为女性的身体感受是多元的，女性的性征也是多元的，和男性的"一"是完全不同的。她并不回避男女的性别的这种生理差异，而正是从这种差异入手，从女性自身的身体特征中寻找女性自身，从而建立起她的性别差异伦理学。她为差异伦理学找到的哲学基础就是笛卡儿的第一情感——好奇，认为男女两性之间的好奇是性别差异的根本，而这种好奇是根本上平等的。好奇可以让两性在尊重差异的基础上保持自主性，给双方一个自由和吸引的空间，一个分离或结盟的可能。

---

① Burke, Carolyn, Irigaray Through the Looking Glass, *Feminist Studies*, 1981, 7 (2), p. 302.

② Gallop and Jane, *Quand nos Lèvres s'écrivent*: Irigaray's body politic, Romanic Review, 74 (1), pp. 77-83.

③ Whitford, *Margaret. Luce Irigaray and the female imaginary*: Speaking as a woman, Radical Philosophy, 43 (Summer), pp. 3-8.

总体来说，伊丽格瑞是分三步来达到性别差异理论建构的。

首先，对以往哲学的批判。伊丽格瑞提出了"内视镜"的比喻，认为女性不只是反射男性的镜子，女性也可以通过内视镜来窥视自我。这样女性就不再是看不见的"无"，通过内视镜也可以看到女性的性征，看到女性的身份。本书首先介绍了伊丽格瑞在《他者女性的窥镜》中对传统哲学的批判。她批判了弗洛伊德对女性性征的描述是基于男性中心主义的，根本就没有涉及女性真正的性征和体验。她也批判了以往哲学中从柏拉图、亚里士多德、笛卡儿、康德和黑格尔哲学中存在的男性偏见，尤其是柏拉图的"洞穴"比喻。

其次，伊丽格瑞对女性性征进行创造性的描述。她提出了象征女性性征的两个概念"双唇"和"黏液"。这是伊丽格瑞以其特有的女性身份和体验，提出的对于女性的描述。

最后，伊丽格瑞揭示出现有社会中女性的商品性质和女性的社会身份。她指出女性只是男性用于交换的劳动产品。女性的社会身份，只是基于她身体的使用价值，而形成的这些身份没有自己独立的权力和参与社会活动的能力，只是存在于男性间的交换中。

第三章

"性别差异"的语言与政治

伊丽格瑞认为,传统对"性别差异"的忽略使女性一直处于被压迫和被剥削的地位。这种地位的形成一是由于女性没有找到主体自我;二是由于女性在传统男性思维模式和男性语言中无法言说自我,使女性处于一种"失语"的状态。男性在语言的遮蔽下控制、压迫着女性,女性如果想要摆脱控制,达到自我解放,就要打破这种思维和语言模式,建立一种能够表述自我的言说方式。本章主要介绍伊丽格瑞对于性别差异语言学的建构和她的政治主张。

第一节 传统语言中对"性别差异"概念的遮蔽

伊丽格瑞指出,在我们生活的这个世界里,学者们都声称自己的论述是中性的,不带有性别因素。有的学者还力图展示他们语言"诗歌般的""煽情的""乌托邦的""疯狂的""愚蠢的"等特点。他们声称真理和科学都是普遍的、中性的,表达真理的人也是与事件不相关的、无形的。然而很少有人提出关于知识表达主体的性别问题,因为"主体"已经由于各种原因被无意识地固定在男性身上。主体语言生殖符号的能力,也常常是被忽视的。伊丽格瑞认为,正是这种语言的遮蔽使女性在男性语言系统中无法正常地表现自我却浑然不知。女性在语言系统中的沉默和失语,加固了女性在社会中的弱势地位。"女性非得诉诸'男性化'的再现系统、剥夺她与自身以及其他女性的关系,才能使用语言,这一事实加固了妇女的社会弱势地位,并且使之复杂化了。"①

为了揭示语言中男性主体的地位,在精神分析的过程中,伊丽格瑞对痴呆和精神分裂病人的话语进行分析研究。研究发现这些病人语言结构中存在不同的表达方式:一方面是男性说话主体性话语的结构;另一方面是女性话语的被动性结构。下面就是伊丽格瑞研究过程中的一个具体示例:当允许替换的时候,一个由男性产生的典型的句子是:我怀疑我是否爱。我告诉我自己,也许我爱了。女性产生的典型句子是:你爱我么?从第一个例子可以看出,男性主体指向他自己。男性的唯一弱点就是有时他会对自我产生怀疑。但是在男性的话语中不会出现他者,句子的主体永远都是男性自我。而女性的反应,常常在无意识中把自己置于"他者"的地位。女性会同时作为说者和听者。当她问出"你爱我么?"的时候,疑问的形式表达了内心的怀疑。说话形式的唯一主体是"你"。产生信息的主体只做了"你"的对象。女性不再是说话方式的焦点,不是句子表达的主体,因为唯一的主体是"你"。从说话者和收到者的角度,这两种说话的形式是完全不同的。他们表现出说话者两极区别的问题。"我"和"你"在指称单称世界的功能时,区别于彼此,他们以一种阻碍交流的方式"划分"了世界。他们表达了两个不平等的世界,这两个世界既不能交换也不能联盟。

为了避免病理语言研究的片面性,伊丽格瑞对法国里昂大学科学心理学系的学生们做了相关方面的试验。分别给一群男学生和一群女学生相同的词语,两群人明显的差异不仅表现在表达意义的差异上,还表现在表达结构的差别上。他们句子的构成、转变、形式都有所不同。比如,男性经常会使用否定形式,女性会经常使用疑问形式,等等。事实上,男性的说话方式已经被转化成为第三者的方式。以这种方式,主体在世界、真理中被伪装。女性的被压迫地位在这种伪装中被遮蔽。男性创造这种语言的语法,语义和使用规则。有时主体的

---

① Luce Irigaray, Trans. Catherine Porter and Carolyn Burke. Ithaca, *This Sex Which Is Not One*, N. Y.: Cornell University Press, 1985, p. 85.

"他"还以"存在"的形式出现，比"我"更具有伪装性。表面上看没有人是论述的原因和主体，真理应该是中性的、普遍的。事实上，是在语言的翅膀下面，男性藏了他的引导者身份。我们一直没有发现这个秘密，语言将会成为男性的第二种"自然"，就像它是由天上掉下来的或是由地上长出来的那么理所当然。这种语言忘记了性别的元素，世界处于一种男性的"我"的重复和说话过程的循环当中。

伊丽格瑞揭示出这种语言中被遮蔽的秘密，她指出这种遮蔽也许会引起社会危机，例如女性主义运动。女性采用各种姿势、标语、哭泣、恳求和呼喊的形式进行抗争，她们想要成为语言的主体，成为产生文化、政治和宗教真理的"我"。但女性主义以往的斗争表现为幼稚的经验主义方式，因为她们被这种语言的统治遮蔽了，她们无法正确地言说自我和自我的意识。伊丽格瑞认为传统中女性的言语几乎没有意义，聊天、闲聊、笑、呼喊，等等。当女性意识到语言的因素，试图展现男性语言论述中的循环和统治地位。但是这项运动还是遇到了很大的阻力，仍然处在初级阶段。其中一个主要的原因是女性要面对如下矛盾的选择，要么作为一个女性，要么言说和思考。

通常男性在他的语言中能够自由地表述、叙述、陈述、收集和组织。他重组了世界，保持着世界和论述的创造者身份，甚至有时还模拟和重复他并不真正接受的真理。就女性来说，在没有任何对象的情况下，她改变了交换语言的意义。或者说她陈述的时候没有任何既定的目的。这是因为在主体之间存在着某物，不是对象而是语言本身。她在诉说，却不知道在诉说什么。当她必须要讲"清楚"的时候，在传统的语言模式下，就像在已经产生了的世界中一样，她无从下手，不知所措。她在做他者的重复，而不是创造世界。她的真理总是处在疑问的形式下，无人理解。男性语言中句子的形式标志着"对话"行为，他们没有用于和上帝的关系，而是在命令。除了上帝任何人都会问"你是谁？"这样的问题。这个问题表明进入了一个语言世界。如果女性回答，就会进入男性的论述系统当中。在男性或是人类的论述中，她回答不出"你是谁"的问题。因此女性必须做出选择：要么作为一个女性，那么进入男性的系统中进行言说和思考。

伊丽格瑞认为，女性必须建立自己的语言，在另一种语言的基础上，另一种和存在的关系中言说自我。作为一个女性，语言言说的形式和能量会是："保护和维持世界的结构（一种可替代的主观性：语言的词汇，像语言一样的世界，作为家庭—主题）；各种模式的转变是为了和上帝倾诉；消耗，比较，在对这些保留的基础上：'我'开始回应，从下或从高处保留他试图的一种分裂。"① 尼采呼唤宇宙中历史新时代的到来，伊丽格瑞则认为女性语言也许是两性之间相遇变得可能的时代。一直以来，男女两性从未相互倾诉，在我们的文化中，女性的声音被禁止。女性要打破这种统治，建立女性自己的言说方式，才能有机会和男性进行一种平等的交流。

男性永远在各处创造着他自己的"家"。语言，概念，理论等都是男性为自己寻找的"家"。对于女性来讲，在感知范围内并不需要名称或概念，处在感知当中意味着在户外，在世界中。女性留在感知的世界中，没有封闭自我。男性把自己关闭在一个封闭的记忆中，甚至男性也在无意识中利用女性来生活、生存、居住、工作。他忘记了他者和自身的存在，把女性看作是自己身体中的一部分"属性"。男性把女性也看作是自己建构的"家"，是他生活的一部分，是他的附属品。

但是女性也需要建立身份，建立自己的语言。对于女性被遮蔽的原因，男性也需要进行反思。伊丽格瑞倡导男性需要对"身体"给予重视，需要重新思考"生存"问题。当今世界"身体"已经被分为若干部分，像一个机械的身体，身体能量被等同于工作能量。工作的进行和性行为的进行都是需要合作者的，为了避免工作的枯燥和性行为的无意义，都是需要依靠合作者的合作。男性为自己创造了一个不能居住的世界，一个"功能性身体"。在技术世界和它所有的科学当中，男性轻视生殖性的性行为，把它看作是技术的奴隶。他们运用技术手段进行性行为，依靠技术产品代替神圣的两性间的性行为的交

---

① Luce Irigaray, Trans. Carolyn Burke and Gillian C. Gill, *An Ethics of Sexual Difference*, London: The Athlone Press, 1993, p. 140.

流。当今世界中的男性把自己等同于机器，一个性行为的驾驶者，通过张弛控制的能力，处于工作秩序当中，关于"爱"和"生存"的思考被遗忘了。

伊丽格瑞赞同尼采关于生存的看法，认为生存等同于更多地活着而不是维持存在。如果仅把生存看作是维持存在，那么生存就变成一种涉及生活的次要层次。女性要自己掌握生存的方式，才有可能发现或创造新的价值。远离男性或远离利用男性是通往女性生存的桥梁。要理解生存的意义，首先就要回到关于"身体"本身的探讨，思考"身体"的价值。男性从来都是随意剪断和母亲的脐带，母亲仍旧会喂养他，温暖他，给他提供一个家。胎儿在子宫中的生活对应着当今高度发展的技术世界，其中男性是输入端，却沉默了他关于母亲的输出端。如果男性能够意识到他永久依赖他者来掌控生活，这样就会为性别差异建立一个空间。如果男性意识到"身体"的价值，他也不会再把女性只看作是一种玩具或机器，男女两性通过自主的形式来生活和爱。而现状却是，男性像一种婴儿对母亲的寄生，但是寄生的对象却从未统治过世界。伊丽格瑞认为，不断增加的对女性医疗的关爱和技术上减轻女性生育的痛苦，并不能说明什么，只是男性为了减轻对于母亲依赖的心理负担。如果男性意识到这一点，那么他也许会发现遗留在女性中非母性的事物。另一个身体，另一种人。这会强制男性去看到"他者"，一种不是他世界中的事物。伊丽格瑞对男性提出了如下要求：

>这将要允许，或强制他终止指使女性：
>1. 再生殖，像一个母性的机器去生孩子，繁荣家庭，打扫卫生，提供食物等等；
>2. 防卫死亡，符号——身体安静的坟墓，炉床的守护者，男性（尤其像神物一样的）欲望和思想的"容器"；
>3. 变成一种求爱的机械娃娃，对诱惑力没有影响。不是说对"她自己"的影响，而是对他者和她对自己的一种流放。女性对人们产生的诱惑影响很少是为她或她们自己。把女性从自我的条

件下连根拔起——像黑格尔所说的那样——把她转化成了另外一个他者，通过把她从植物般的生活中移开，并不是什么也没有，这样她被指派到一个公开的功能（这就像私下里的表演）就是什么都不是，除了保持机器运转的一种方式；

4. 变成男性的肉体化身，或人类的，幻想的；所以她是铭记的基础，或多或少的活的雕塑，被黑暗包围的乡村，女神，废石碓，等等。①

也许男性也会发现另外一个允许女性的世界。存在的世界。它既不是植物的也不是动物的。既不是母亲也不是孩子，他者的某物或某人。如果男性可以重新考虑他者、女性、人类，也许会呈现一种新的生活。

伊丽格瑞指出，女性在传统社会中的沉默，是因为她们生活在男性统治的语言当中。这种男性的语言遮蔽了女性的特征和女性的主体地位。女性只有去掉这种遮蔽，才能够寻找到女性的主体，才能够言说自我，独立进行有价值的思考和创造。在这个过程中，男性也需要重新思考"生存"和"爱"的问题，重新思考"身体"的价值才能够避免沦为科技时代的机器，才能够看到女性非母性的价值和女性的主体地位。当然，女性主体的寻找过程不能只依赖于男性的反思。伊丽格瑞认为女性所要做的是建立起一套女性的话语，在这套话语中，女性可以准确地言说自我，可以以主体的形式和男性进行两性间的交流。

第二节 女性主义学者语言表达中的"性别差异"

伊丽格瑞试图建立一种女性的句法系统，一种不带有任何性别特

---

① Luce Irigaray, Trans. Carolyn Burke and Gillian C. Gill, *An Ethics of Sexual Difference*, London: The Athlone Press, 1993, p. 146.

征的语言系统。在《非"一"之性》的"问题"一章中，伊丽格瑞清楚地表达了"什么是女性的言说"和这种言说怎样去实现。

女性的言说……意味着在男女两性之间，建立一个不同的结构模型。

女性的言说不是言说女性。在产生的论述中，女性既不会是客体，也不会是主体。

也许有一种以男性说话方式表达的女性间的谈论，它也仍然是女性想要表达自我的空间。

女性的言说会在其他事物中发生，当然也允许女性同男性言说。

在女性中……有时会听到女性的言说。这说明了性别非整合的欲望或者必要性：统治的语言有着强大的权力，女性在其中不敢在非整合的联系之外有女性的言说。[1]

这种女性言说方式被定义为"女人腔"。这种言说的场景和观众都不同于男性"女性言说的方式，说者必须像女性一样为听者提供一个'他者'的空间"。这种"女人腔"只是女性间的交流，男性是无法体验的。与"女人腔"相近的概念是伊丽格瑞提出的"两句法"（男性句法和女性句法），男性句法和女性句法之间有数不清的差别，有着不同的时间，空间，逻辑和表现形式。似乎音乐和绘画艺术中可以寻见女性句法的手法。"女人腔"和"两句法"不需要进行比较，因为它们之间是邻近关系而不是相似关系，就像"双唇"一样，两者相互触摸但互不吸引。"两句法"不同于"女人腔"的总体特征为："女性的句法也许并不容易说明，因为在那种句法中会既没有主体也没有客体，'同一性'将失去它的优先性，将不会再有合适的意义，合适的名字，'合适'的属性……相反，那种'句法'会包括接近，

---

[1] Luce Irigaray, Trans. Catherine Porter and Carolyn Burke. Ithaca, *This Sex Which Is Not One*, N. Y.: Cornell University Press, 1985, p. 135.

亲近，但在这种极端的形式下，它会预先排除任何身份的差异，任何所有权的确立，任何形式的占用。"① 在这种形式下，女性的句法不包括主体、客体、同一性和占用等，它是一种邻近和亲近。"双唇"的特征可以形象地解释这种新型的交换："拥有权对于女性来讲是很陌生的，至少是在两性之间是这样，而且也不相似。不断宣传它消除所有的身份歧视，所以拥有权是无用的。……她进入一种与他者不停地交换当中，没有任何的相互认同。这使得最为流行的结构陷入问题当中……"②

伊丽格瑞极力声明，她建立的"女人腔"是一种建构而非颠覆。如果她们的目的在于颠覆原有的秩序，建立母权社会，那么历史将重复自身，并且回到阳具崇拜阶段。那样的话，女性的性，女性的憧憬，还有女性的语言都又将不复存在。

英国女学者玛格丽特·惠特福德对伊丽格瑞"女人腔"的论述作了以下评述，她认为有两种意义上的"女人腔"：一种是父权文化中女性的言说，此时言说的声音不被人倾听；另一种指向呼唤变革的未来，是在不同的象征秩序里作为女性言说。③ "女人腔"的确可以看作是伊丽格瑞的一种创造，它代表的是女性主体的一种建构和言说。作为一种女性言说的构想，"女人腔"有助于女性表达自我。然而对于伊丽格瑞的"女人腔"，莫妮克·柏拉扎提出了反对意见："伊丽格瑞从事着自己的建构，得意洋洋地根据她的'词态学'规定女性的社会和知识存在……她的方法根本上说还是自然主义的，而且完全受父权制思想的影响，因为如果人们没有意识形态方面的沉思，是无法描写词态学的。伊丽格瑞建构中的实证论思想在这里与声名狼藉的经验论毫无差别……意识形态赋予女性作为'永恒女性'的每一种存在形式，伊丽格瑞似乎马上就会看作是男性压迫女性的结果。从现在起，

---

① Luce Irigaray, Trans. Catherine Porter and Carolyn Burke. Ithaca, *This Sex Which Is Not One*, N. Y.: Cornell University Press, 1985, p. 135.

② Ibid., p. 31.

③ Whitford, Margaret, ed. The Irigaray reader, London: Cambridge, Basil Blackwell, 1991, p. 42.

这每一种存在形式都是女性的本质，女性的存在。所以'属于'女性的一切，在她看来，最终都来自她的生理性别，一直触摸自身。可怜的女性。"①

柏拉扎批判伊丽格瑞的"女人腔"具有"本质主义"色彩，是一种"自然主义"的建构。但不管"女人腔"是否是"本质主义"的，还是"乌托邦"性质的，它都是伊丽格瑞为寻找女性主体，言说女性体验所做的尝试。总体而言，伊丽格瑞的"女人腔"具有以下两个特点：第一，反线性思维模式。伊瑞格瑞将语言与女性的生理特征相类比，女性的性征是一种"凹透镜"式的"V"字形结构，女性的语言和身体感受都是多变的。她是自身不确定的他者。这大概是为什么她被称为是反复无常的、不可思议的、易激动的、多变的……更不用说她的语言。伊丽格瑞建立的女性语言不同于男性的语言，它可能看起来没有逻辑，又没有言说意义。如果想要理解女性的言说，需要主体认真地倾听。男性无法理解是因为男性语言对女性想象的拒绝和排斥。"女人腔"与男性语言不同，它并不设定任何边界，是一种反线性的模式。

第二，女性言说是对男性话语的模仿。伊瑞格瑞的"女人腔"并不是凭空产生的，而是对男性话语的一种模仿。伊瑞格瑞认识到在长期的父权制文化统治下，女性没有自己的语言，无法准确地言说和表达自我。因此她如果想要论述一种理论的话，就必须首先"模仿男性的话语"。只能在这个模仿的言说中，试图表现和描述女性的性征和女性气质，零散地表达女性的体验。但这种模仿并不是伊丽格瑞对男性话语的认可，而是一种反父权制的策略。正是在这种模中表达着伊丽格瑞对于男性话语统治的攻击，从而形成一种女性寻找自我的方法。

---

① Plaza, Monique, Phallomorphic Power' and the Psychology of "Woman", *Ideology and Consciousness*, 4, Autumn, 1978, pp. 31-32.

第三节 "性别差异"概念下的政治主张

伊丽格瑞喜欢讨论"双唇""女人腔"和"女性句法"等概念，这些体现了她对主体性、欲望和无意识等概念的兴趣和关注。而她对于权力、历史和政治的关注则在次位，这也是唯物主义者批判她的原因之一。事实上她是对精神分析和心理学关注得比较多，但在她的理论中绝对不缺少政治的因素。很多女性主义运动者质疑伊丽格瑞的心理学分析只是形而上学的，它是否能够足以解释女性在社会中受压迫的原因。虽然伊丽格瑞没有提出一套系统的政治实践理论，她关于政治的关注，关于法国女性主义运动的关注，在其著作中还是有所论述的，绝不是"挂在马面前的符号性的萝卜"。伊丽格瑞的政治主张主要分散在她的采访、研讨班的发言和在《非"一"之性》中的"问题"等著述中。可以看出，伊丽格瑞的同事、朋友和学生，都希望这位女性主义哲学家在女性主义运动的实践中给予解释和指导意见。伊丽格瑞也很积极地给出了回应：

> 严格地说，政治实践，至少是现在的政治实践，完全是男性主义的。为了使女性的声音能够被听到，在我们定义和管理政治领域内需要一场"本质"的变化。①
>
> 长期以来的历史，把女性放入到相同的性别、社会和文化的条件当中。尽管女性间也存在不平等，但她们都在忍受着甚至没有清晰地认识到相同的压迫，相同的对她们身体的开发和相同的对她们欲望的否定。这就是女性为什么需要联合起来的原因，在"她们"自身之中联合起来……解放运动的第一个问题就是要每一位女性都"意识"到这样的事实，她在个人经历中感受到的，

---

① Luce Irigaray, Trans. Catherine Porter and Carolyn Burke. Ithaca, *This Sex Which Is Not One*, New York: Cornell University Press, 1985, p. 127.

是所有女性都能感受到的。因此这种经历才被称为政治的。①

伊丽格瑞认为，对女性主义政治的讨论不能脱离了对历史和文化的讨论。因为女性主义政治运动不是孤立的，需要在历史的环境下产生。关于政治的这种定义，看起来很像早期女性运动中的"意识觉醒"的概念。当然伊丽格瑞也考虑到女性内部由于种族、阶级、历史等方面存在的差异。她认为最重要的事情是展现女性之间的共同之处，寻找一个对于每一位女性都适合的斗争方式，不管她是哪种国籍，何种工作，哪一阶级，何种性取向，也就是说去面对她们中最不能忍受的压迫形式。

这些都可以表明，伊丽格瑞的政治理论主要着眼于两点：一是世界范围的女性共同的受压迫问题；二是本土范围的，她关注每一位女性的特殊和复杂的具体情况。伊丽格瑞试图建立一种新的组织形式，新的斗争形式和新的改变。她把政治的概念扩大，她的"政治"不仅包含了女性主义的实践运动，也包括了理论上的心理和精神的分析。她认为女性的反抗必须在多层面上，女性当然要继续争取平等的待遇和平等的社会权力，消除在雇佣和教育中的歧视，等等。但仅仅这些是不够的，女性单纯地"等同于"男性就会变得"像男性"而因此不是女性了。

伊丽格瑞指出以往的女性主义实践运动，有许多女性把目标转向属于男性身份和男性历史的经济、文化和政治环境，她们丧失了自己作为女性的身份，以迎合男性的社会历史环境。伊丽格瑞在这里提醒女性主义运动者们，不要单纯地进行政治和社会的实践斗争而忘记了女性最根本的"身份"。我们是女性，我们试图确立的是女性的身份和社会生活中的地位，而不是简单的男性化后的"平等的"生活。伊丽格瑞认为政治的艺术在于保证尊重每一个男女两性的权利和义务，男性和女性都是具有鲜明特征和性别身份的人，我们需要在充分尊重

---

① Luce Irigaray, Trans. Catherine Porter and Carolyn Burke. Ithaca, *This Sex Which Is Not One*, New York: Cornell University Press, 1985, p. 164.

差异的基础上才能建立起两性平等和谐的社会政治。她认为，女性的社会权力应该包括以下几种：

1. 有权享受做人的尊严。这意味着：停止对女性身体和女性形象进行商业使用；在所有公共场所所用的行动、话语和影像真实再现女性；停止公民和宗教权力剥削母亲身份。

2. 有权享受人的身份。这意味着：用立法保证把处女身份作为女性身份的重要组成部分，使之不再凭借金钱来衡量，也不再被家庭、国家和宗教秩序折换成金钱。这也同时意味着，把母亲身份视为女性身份的重要组成部分。

3. 公民法律应该明确母亲和孩子之间的责任，以保证母亲能够保护孩子。

4. 女性应该有权保护自己的生命，保护孩子的生命，保护自己的生存空间、传统以及宗教。

5. 在经济层面，缴税体制和其他立法不能惩罚独身主义；如果国家颁布任何家庭优惠政策，应该惠及所有孩子；广播、电视等媒体应该有一半时间播放女性节目，因为女性与男性一样付了税。

6. 应该改进交换系统，如语言交换系统，以确保男女两性之间可以平等交流。

7. 在所有公民和宗教决策机构，女性应该拥有同男性相同数量的代表。[1]

在伊丽格瑞的思想中，她力图尊重差异，尊重女性之间的联系。她力图改变现状，建立一个承认性别差异的社会和文化。因此现有的政治环境需要伊丽格瑞去进一步完善自己的理论体系，建立性别差异的伦理道德体系。

---

[1] Luce Irigaray, Trans. Alison Martin, Ithaca, *Je*, *Tu*, *Nous*: *Toward a Culture of Difference*, New York: Routledge, 1993, pp. 86-89.

总体来说，伊丽格瑞为女性寻找自我的主体地位，言说自我的性别特征，她还为女性建立自己的话语"女人腔"和"女性句法"。女性在传统的男性话语统治中难以准确地表达自我，女性的性征和特点以及女性受压迫的地位，都在男性的语言或是看起来"中性"的语言中被遮蔽了。为了除去这个遮蔽，需要男女两性共同的努力。男性需要重新思考生存和"爱"的问题，女性需要建立言说自我的语言系统。

　　谈到女性的言说，这里不得不提及克里斯蒂娃。克里斯蒂娃同伊丽格瑞一样，也是一位心理学家、哲学家和女性主义理论家。克里斯蒂娃同样师从于拉康，她和伊丽格瑞具有相同的教育背景和相同的哲学兴趣。她同样运用精神分析的方法，对弗洛伊德进行批判。她也力图寻找女性的身份，言说女性的体验。伊丽格瑞的"女人腔"和"女性句法"是进入"象征界"之后的言说。她以"双唇"为女性的象征和阳具一样，是一种比喻性的能指。与伊丽格瑞不同的是，克里斯蒂娃希望建立一种女性的"符号秩序"。克里斯蒂娃区分了"象征界"的语言和"符号秩序"中的语言，"符号秩序"中的语言是和女性身体相联系的，是婴儿在母亲子宫中时就已经习得的，它没有经过外部世界的任何建构和装饰。"象征界"的语言是伴随着婴儿的成长逐渐习得的，是外部世界强加给他的，是经过了男性的建构和装饰的语言。因此克里斯蒂娃号召"符号秩序"语言的回归，就是希望建立一种和女性身体相关的语言系统。总之，伊丽格瑞和克里斯蒂娃对语言学的建构，目的都是要言说女性，寻找女性的主体地位。

　　伊丽格瑞指出不仅是男性的语言遮蔽了女性主体性身份，现实的政治也不利于寻找女性的主体。伊丽格瑞关于政治的论述，反驳了其理论没有实践意义的说法。伊丽格瑞主张应该把"政治"的领域扩大化，"政治"不仅包括女性争取平等权力和待遇的斗争，还应该包括女性为寻找自我主体，在哲学和心理学等精神层面的斗争。另外，伊丽格瑞还提醒以往的女性主义运动不要单纯地追求某种权利的平等，应该时刻注意女性"身份"主体地位是否丢失。只有在男女两性都作为主体的情况下，才有可能建立起相互尊重差异，尊重"他者"的伦理学，人类社会才能真正进入一个两性和谐的文明时代。

第四章

"性别差异"伦理的建立

任何一种伦理学都需要具有与之相应的哲学本体论为基础,反之任何一种形而上学的哲学本体论也都是为其实践哲学服务的。伊丽格瑞对传统哲学中男性偏见的批判是为了寻找女性自身主体。她对女性性征创造性的描述是从女性生理差异方面对女性主体的描述,只有建立"女性身份",证明"女性存在",在这种哲学本体论的基础上,才能够建立伊丽格瑞性别差异的伦理学。她的性别差异伦理学是在男女两性都具有主体身份的基础上建立的。这种性别差异伦理,强调"双主体"之间相互独立,相互尊重,相互依靠和男女之间相互的"爱"。这种"爱"没有科学的模型,而是从女性视角和体验方面建立起来的。这种性别差异"爱"的伦理,能够避免以往伦理中对女性的沉默和压迫,也能够更好地处理当今世界中由于性别引起的各种社会问题。本章试图说明伊丽格瑞性别差异伦理学的建构过程。

第一节 "性别差异"概念下的"两性之爱"

性别差异伦理学首先强调的是尊重男女两性之间的差异,其建构目的是希望改变当今世界中存在的男女两性间由性别引起的各种社会问题。例如在技术世界中,男女两性之爱变得机械化、技术化和利益化,丢失了它的神圣性。女性生存现状中遇到的种种和性别有关的问题,如受教育、就业、政治权力等。伊丽格瑞为男女两性搭建了一个桥梁——"爱"。这个爱分为三个层次:两性之爱、同等之爱和他者之爱，最基础的是男女两性之间的关系，是男女两性的"两性之爱"。

一　两性个体的"自我之爱"

伊丽格瑞从生理性别入手，首先探讨了两性"自我之爱"的差异。她指出女性的"自我之爱"很难被人们意识到，是因为女性一直都被看作是构成男性"自我之爱"的一部分。两性关系中男性总是处在一个自我陶醉的状态，他们不愿意把爱给予他人，就像主人啬蔷把他自己爱给予奴隶或者其他物件上一样。男性在自己的范围内评价女性。女性作为母亲的角色和他父亲角色相比，来证明他的能力。"自我之爱"对于男性来讲，任何情境都对他们都是有利的。男性（器官）表现为外部的，他可以自慰，尽管这种方式有一定的危险性。这对女性（器官）来说是不可能的。无论何时男性都会以一种决定性的方式相信他的爱和被爱。女性的"自我之爱"被忽略和遗忘，她们总是服务于男性的"自我之爱"。

伊丽格瑞从女性自身出发揭示了女性"自我之爱"的复杂经历。传统哲学认为女性没有像男性一样与外界的联系，女性的被爱和"自我之爱"通过生育子女表现出来。女性看不到自己的欲望，因为在对欲望的描述或表征过程中，女性被丢失掉了。伊丽格瑞认为，女性欲望的丢失是由于她们的欲望在相同的框架下没有办法言说。女性的"自我之爱"更像是对无限生命的渴望，朝向无限的外部空间。男性把无限放置于总是朝向外部的超越，而女性把它置于一个当时当地的快乐。伊丽格瑞认为，因为男性总是处在劳动中的主要地位，女性需要靠男性的劳动养活自己和生育子女，因此女性的"自我之爱"被这些困难遮蔽了。

男性通过"空间"维度避免"自我之爱"的丢失，例如从子宫中分离与"恋母情结"丢失。男性从原初的空间被分离，通过循环的关系，女性可以继续占有这个空间，但并不在传统的爱的行为意义当中。在某种意义上说，女性可以参与到男性的"自爱"行为当中，甚至可以生育男性。女性则是通过"时间"的维度来避免丢失"自我之爱"。事实上在爱的行为中，女性也会膨胀，也会被深度触摸。"时间"对于她来讲和男性有着不同的计算方式。但女性在不同的阶段都会遇到麻烦，因为她缺乏向周围人关闭的力量，她总是敞开着的，不仅是无法关闭男性的诱惑，也无法关闭她自己的性快感和自己的身体。

传统思想认为女性是在内部空间受保护的。这个空间通常是由男性来负责。因为女性被认为是无法包裹自我"欲望"，无法控制自我"快感"和"自我之爱"。弗洛伊德认为，女性必须把她对母亲和"自我之爱"放置一边，因为她要开始爱男性。她要停止自我之爱，目的是为了去爱一个男性。就如同男性为了爱自己，必须放弃他的母亲一样。女性也必须得放弃她的母亲，放弃自我的性兴奋，以便不再自爱。但是，伊丽格瑞指出当女性感知到自我的时候，这就会出现问题。女性不再"自我之爱"的同时，也会失去对男性的爱。女性不再愿意被爱保护，她想要找到自我，发现自我和言说自我。这是女性间互相寻找、互相爱戴和相互结盟的原因。因为女性的"自我之爱"并非是不存在，它只是被遗忘和遮蔽了。但是这种遗忘和遮蔽会随着时间的维度，被揭示出来。因为在爱的过程中，不能没有女性的"自我之爱"。

二 两性间的"爱"

根据阳具中心主义的观点，"爱"就是"合二为一"，把相爱的两者融为一体。根据这种"融为一体"的规则，爱的理想状态应该是最高的"一"。两性之间加入第三者"爱"之后，使得相爱的"两者"变为"一"。但伊丽格瑞认为这种"爱"是建立在商品和劳动分工基础上的，是一种束缚着的互补性。这种"爱"只是以生育子女为目的和表现方式。真正的"爱"应该是自由的。我们需要寻找"两者"的爱，这种双主体之间"爱"。她假设了传统社会中这些任务已经完成：

1. 不会再有使男性和女性处于劳动分工影响下的、母系和父系功能的等级：一方面是子女的生产和劳动，另一方面是社会的再生产和象征性的、文化性资本的再生产。

2. 不会再有爱和性爱的分离。这总是和父系功能的分工和等级相互联系。以这种方式，爱成为一种永恒的灾难、悲惨的施舍或者贪婪的投入（也许是没有爱神的一种神？）以这种方式，爱成为一种技术性的性爱，总是寻找新的技术或目标，无聊的结束，总是希望在外面的世界找到幸福。

3. 有这样的可能性：女性会很多；女性会形成一个社会组织。如果女性没有接触社会和文化：

——她们会陷入一种互不认识，也互不相爱，甚至不爱自己的状态；

——她们也没有方法去接触高尚情操的运作；

——爱对于她们来讲是不可能的。

如果两者之爱可以发生，它也要经受很多。但是在我们的传统中，社会是由男性、也是为男性组建的，女性是不可以复述的形式工作的。如果爱和生产发生的时候，女性需要构成一个社会整体。这不是说女性要像男性那样进入当今的权力体系。但是女性需要建立一个新的价值来对应她们创造性的价值。社会、文化、舆论会因此以性别的被承认，而不是单一性——没有意识到身体和它的垄断以想象的和象征性的创造为特征——的普遍价值的垄断中。

4. 女性神学家的存在。对于一个女性来讲，隐私的，自我亲密的，可以被巩固下来或者说被再次巩固下来，只有通过母—女和女—母关系，以这种方式女性重复着自己。自我和自我，超越任何形式的生殖。以这种方式她在孩童时期得到自我尊重和母性创造的功能。这是一种在我们文化中最为困难的一种方式。根据我们百年来的传统，教父得到教子是通过纯洁—母亲，这种母性的方式作为中介。这种方式当然是神圣的，但在神性家谱中没有女性，也没有母亲和女儿。传统的福音书很少讲述玛丽和安的友好关系，也很少讲述诸如玛丽和伊丽莎白还有其他女性的关系。甚至在这个世界的一个角落形成一个"好消息"的部分，也很少有文章或是段落来传递或是告知它们的消息。一些新约中的评论是关于怜悯总是朝向女性的。任何事情都是在父亲的荣誉下或者是儿子的荣誉下，没有关于女性的章节。但是有一些种子在宗教的文章中成长，并不以母亲或女性的善，而是以父亲的善的方向成长着。"善"这个词，总是看起来像是多个中的一个，并不是一者统一一者。百年来一者保持着对上帝的笃信，尽管对统一的渴望是一种男性的怀旧，来源于男性对于失去了的子宫的渴望。和上帝一起，父亲代替了不可能发生的、对母亲的回归。[1]

伊丽格瑞从四个方面来建构她的"两性之爱"：社会分工和等级制度；爱、性爱和技术的关系；女性的社会整体；女性神学的建立。她认为这四个方面是两性之间"爱"形成过程中必不可少的因素。首先，要改变女性的社会地位；其次要强调"爱"在"性爱"过程中的重要性，而非技术；再次，女性要建立一种社会性的整体联盟，来展示女性间的相互的爱；最后，在神学层面上强化女性生育子女的神圣性。为了达到两性差异的平等之爱，女性还需要做到：第一，和传统的家庭位置相分离；第二，曾经爱孩子，现在仍然是，分享着和孩子之间爱与被爱的包围关系；第三，一个更为开放性的爱，这种爱几乎接近差异之爱。这就意味着母亲对子女、子女对母亲的爱的包裹关系没有停止，围绕着"为了他者的安全"保护着对方。这种相互包裹的状态阻碍了主体身份的形成。女性给予那种爱，是一种内心向他者的敞开。女性的爱比男性的爱看起来更为神秘，因为她从不把自身处于一个被爱对象的位置。由于缺乏这种被爱的"位置"，她就允许被人来支配自己的爱——男性或者子女。她并不把自身当作对象来爱，她看不到自身。这种状态常常会让她觉得痛苦，因为她不能感觉到自我的位置，自我的"本质"。在精神分析的范围中，这个维度从未被提及过。它被置于一个前—客体的阴影之下，没有以主体的身份出现，沉溺于一个混沌的状态，没有提供可以经历它的时空。女性的空

---

[1] Luce Irigaray, Trans. Carolyn Burke and Gillian C. Gill, *An Ethics of Sexual Difference*, London: The Athlone Press, pp. 67–68.

间被男性、孩子、家务这些事物占满了，没有可以容纳自我的空间。当她被男性当作一个欲望对象的时候，她对自我的爱就被禁止了，她必须放弃和遗忘"自我之爱"。

这种肉体的维度和女性言说的维度被传统的语言遮蔽了。女性被男性遗忘和遣散，男性把女性作为房子和性（器官）的场所。女性处于一个保持者的位置，她们的爱没有了自我之爱。女性被同化到只存在对男性和子女的爱，没有任何自我之爱的维度。她几乎不了解自己，也没有注意到自己。但真正的两性之爱，需要两个人去理解怎样分离和怎样结合到一起。每人都需要去虔诚地寻找自我，才能产生对他者真正意义上的"爱"。两性在遇到彼此时，相互亲密，相互之"爱"，再到结婚共同生活在一起。

第二节 "性别差异"概念下人与人之间的"同等之爱"

同等的爱也许被理解为古老的没有差别的吸引力，爱那些自己也不知道的有差别的个体。伊丽格瑞认为，在两性之爱的基础上，才会产生真正意义上的无差别的同等之爱。这种同等之爱是给予他者之爱，是世间万物最初的、必然如此之爱；这种同等之爱是一种未分化的爱，她如同大地母亲滋养着万事万物；这种同等之爱是爱的实体，她能够使人心甘情愿地付出并不计回报。[①]

伊丽格瑞认为，"他者的爱"是同等之爱忘记自我的形式。"同等之爱"要求以人类最原初的形式，对自我和他者具有相同的爱。而且这种"他者"是无差别的，没有等级区分的。这种"他者"和"自我"之间，也没有主客体之分，是面向所有人和事物的、无差别的"同等之爱"。

这种他者的同等，可以解释为就像论述中的存在（being），

[①] 这种同等之爱类似于孟子的"恻隐之心"。

本体论中仍然存在的问题。

　　这种他者的同等是质料，流动，空隙，空白……所有可能的，现存的，已经遗忘的。

　　这种同等是质料和空间，宇宙和事物，容器和容纳物，内容和皮囊，水和天空。（创世纪的开端说道，上帝把水一分为二，制造出天空：一部分在天空之上，一部分在天空之下。）

　　是这种同等使得主体成为一个活生生的存在，但是男性还没有开始思考：他的身体。

　　这种同等，像子宫又像母性的，永久的免费服务，不为人知，被人遗忘。

　　这种同等不是深渊，既不是毁灭也不是吞噬。它是一种可容性，在其中的人可以拥有实用，权力，现金交易，债务，这种可能性能力的假设——优先于任何可辨别的位置——激发了渴望，因此努力去命名和指示原因。

　　这种同等是母性—女性的，在任何差异感知之前就已经被同化的。血液，淋巴液，对于每一个身体，每一个论述，每一个创造物，每一个世界上的制造物。尽管两次被遗忘，有一个微黑的背景，对他自身产生的遗忘，对进入现世的毫无察觉。[①]

　　在这里，伊丽格瑞解释了"同等"的意义。它包含四个层面的意义：第一，本体性的。这种"同等"具有本体性的意义，它是"爱"的基础，是"爱"的原动力。第二，原初性的，被遗忘的。因为这种"同等"太过于古老，它是一种原初时代所形成的"爱"，像母性的爱，永久地服务着人类。但在当今时代，大都被遗忘掉了。第三，可容性的。这种"同等"的爱，不是一方对另一方的控制和吸引，它是一种可容性的。在这种"同等之爱"当中，相爱的对方可以保持自己主体的独立性，也可以作诸如权力、交易等任何事物。第四，这种"同等"

[①] Luce Irigaray, Trans. Carolyn Burke and Gillian C. Gill, *An Ethics of Sexual Difference*, London: The Athlone Press, 1993, pp. 98-99.

带有母性的特征。它和母性的爱一样,滋养着每一个人。虽然它普通的被人遗忘,但它从未停止过对他者的爱。这种同等的爱,他者和它的关系,都是无价的。当今我们所面临的最大的危险,就是对这种"同等之爱"的遗忘。伊丽格瑞还指出,以往形式的同等之爱,不会包含以下三种女性的特点:第一,一种无差别的母性,女性身份确定的基础;第二,一种超越古老关系的想法;第三,性别差异的界限。

一 男性的同等之爱

男性的同等之爱是在人类文化的早期时代就被遗忘了的。在人类文明的初期,人类发现和肯定了男女两性生理上的性别差异。古希腊时期,男性把自身看作是通过身体和无限自然相区分的。运动的技能和勇气是荷马时代英雄的本质特征。在决斗中通过力量和技艺,他学会了怎样保持自我。但是男性所建立的世界把他封闭得紧紧的。对于他来讲,达到外面世界是一件很困难的事情。他甚至不记得他的身体就是开端,就是构成宇宙的入口。这种对身体的肯定和对身体的爱,在哲学初始的《荷马史诗》中仍然被传诵,但在形而上学的大厦中逐渐被遗忘。同等之爱被遗忘的另一个原因,是它允许空间—时间的建构。在建构中,男性逐渐把这种"同等之爱"遗忘掉了。伊丽格瑞认为,男性构建的这个世界是一种变形了的同等之爱:"同等之爱在这里被变形了,变成一种建构的世界,一种符号和商品交换的世界。它变成一种人造物,一种工具的创造物和产品。不是自然孕育、出生、成长,男性代替了生产工具和产品。收获仅仅变为农业的结果,产品成为工业的结果。男性耕种着自然并控制着它的存在,但却是在出生和生长的过程。对自然的耕种变成开发,将会有对宇宙系统土壤和肥料生命力破坏的危险。当我们忘记我们从身体中得到了什么,忘记了给予我们生命的身体,这些都是将会发生的危险。男性常常忘记的我们对生命存在本身的感激之情。"[①]

---

① Luce Irigaray, Trans. Carolyn Burke and Gillian C. Gill, *An Ethics of Sexual Difference*, London: The Athlone Press, 1993, p. 100.

男性的同等之爱常常意味着同等之内的一种爱。它并不能假定自身没有母性—自然—材料。它代表了一种对女性同化或调解之后的一种爱。在这个结构中，"爱"常常是被耗尽的，"爱"获得的能量来源也来自特殊的技术和工具。男性的爱是目的论的，它朝向一个自身外部的目标。它朝向外部组织，自身之外，张力之外，朝向一个处所，一个事物，一个产品。

二 女性的同等之爱

女性间的同等之爱是非常难以建立的。根据弗洛伊德的理论，女性都有朝向男性的欲望，这就引起了女性间的两种竞争。一种是女性要得到男性的欲望和爱，就必须离开母亲，从属于男性，这就破坏了母女之间爱的可能。母亲和女儿变得敌对以获得男性欲望中独自可能的位置。另一种是姐妹—女性之间以竞争的方式来获得男性的爱。她们都努力成为男性心目中唯一的那一个。这场竞争中的胜利者，是通过生育子女的形式来巩固在男性心目中的地位。弗洛伊德认为这是爱最完美的结构，是乱伦危险的本质所在。这种爱的能量和禁忌代表了文化的基础。但是伊丽格瑞是坚决反对这种理论的，她认为存在一种潜在的、未定的结构：女性之间的爱。尽管这种结构有时在我们的文化中沉默，它的轮廓、形状仍旧是模糊的，混杂的。因此，传统上的女性见的同等之爱存在以下敌对因素：母亲，对男性（父亲、儿子、兄弟）的欲望。母亲角色会让女性产生对子女的偏爱；对男性的欲望会打扰着其对女性爱的吸引力和发展。这些会让女性计较着如何对待他人爱的数量。

伊丽格瑞认为，这些竞争都减少了女性之间爱的可能性。但女性间"同等之爱"建立的另一个困难是女性的无差异性。伊丽格瑞举了这样的例子：女性常常这样评价自己"和其他人一样"。这种趋同性，并没有表示对爱的证明，只是女性没有区别于群体，没有区别于原初对女性自我的评价。女性阻止了她们对自己身份的肯定，女性没有意识到自己对自己的压迫手段：她们摧毁在差异的情况下出现的任何事物，因此成了消灭自我的代言人。她们所到达的一致并不是她们自己，而是一种模糊的状态。就像"黑夜下所有的猫都是灰的"一样，她们都一致地在男性的统治下生活。伊丽格瑞认为这些"像你一样，我也是，我多一点，像其他人一样"和爱的伦理是无关的，在整个结构过程中没有"和你一起"这样的话。这是女性间的情感一种方式，是我们必须反对的。

女性间的同等之爱很难定义的另一个原因在于女性所提供的并不是人工抽象的象征，而是一种天然的材料。如果"爱"在女性当中发生的话，一种符号象征就必须被创造出来。而事实上，这种爱已经在相互交流的女性间成为可能，但不管是语言还是行为，女性运用的都是一种纯天然的方式。在社会和交流层面上，女性一直处在沉默的状态。伊丽格瑞认为，为了使社会和文化中所有的存在形式都能够长久，同样需要女性之间的相互区分。如果女性需要巩固或使我们之间的女性之爱成为可能，女性就需要付出双倍的努力，用她的爱。对女性身体皮囊、皮肤和黏液细胞等的供养；对我们身体的爱。

女性必须爱他者，像母亲一样原初的爱，像女儿一样孝顺的爱。更进一步说，在女性的一生中这些从未停止过。通过她们和他者的关系，完成了一条通往无限的路径，这条路总是无限敞开的。但是在大多数情况下，由于主体身份的缺失，使女性被埋藏在地球的最深部。她们的运动、经济、文化、爱或被爱，都被模糊了。女性，不同于传统论述中的主体，她穿越了宇宙中无限的维度，却没有一个自己固定的立脚点。女性需要找回自己的身份主体，不仅要区别男女两性间的差异，也要区别女性之间个体的特殊性。这样才能够建立起女性间"同等的爱"。

伊丽格瑞认为，女性的运动基本上是在空间中进行的，而且没有任何目的论。女性基本上没有什么变化，也没有任何对过去和将来的感知。女性的繁衍，就是一个世代的轮回。就像虽然传统中神是由女性生产出来的，女性参与了神的到来。但女性只是为神的幻影提供服务，自身却没有以神来出现。如上帝之母，就像耶和华的仆人。作为神的配偶，神性的肉体化身。伊丽格瑞认为，女性的这种状况，是由于女性在语言系统中的缺失。女性在男性建构的语言系统中无法表达自我，从此逐渐沉默了自我的身份主体。男性成功地用这种语言的"家"代替了他身体的住处。其中女性只是用作建筑材料，但这个语义的"家"并不适合女性居住。女性没有女性性别的语言，她们使用一种由男性精心设计的所谓的中性语言，而实际上她们失去了言说。根据黑格尔的辩证法，这种情况也许被分析为女性仍处在植物的世界，没有机会为自己创造一个动物的范畴。这个女性的世界将会麻痹它伦理的发展，女性完成伦理行为的方式就是城邦法律所禁止她们的行为。①

如果我们不想重复安提戈涅的命运，就必须建立一种女性的伦理秩序。女性伦理的世界也继续需要保持这两个垂直的维度：女儿和母亲，母亲和女儿；女性间，或者说"姐妹"间。

在历史的角度来看，这两种垂直的维度总是远离女性的。母亲和女儿，女儿和母亲之间的联系，总是在女儿变成女性之后被破坏。女性的宗谱被禁止，以父子关系代替，父亲和丈夫作为家长。如果没有垂直的维度，女性间的爱无法产生，女性的伦理也就无法建立了。如果女性想要把行为伦理化，那么在女性内部就需要保持这两个维度，或者完成自身内部的自身（in-self for-self）从植物生活进入动物生活，或者把她们的"动物"领土变为"城邦"，再或者拥有自己的言说符号、法律和神。女性必须构造一个所有维度的世界，不仅是为他者的世界，就像以前她们所要求做的一样：看家看孩子，母亲，以财产、

---

① 这里所提到的城邦的禁忌，是关于安提戈涅的深化传说。安提戈涅被逐出了城邦，从城邦中"引渡"，拒绝家庭和国内最基本的仪式（祭祀亡者，神灵，准备食物），被禁止言说，婚姻和生育小孩。她被囚禁在临近城邦世界的一个山洞里；她既不能离开也不能进入她的家。她被禁止任何行为。她唯一可以做的，就是搬运死尸，这是国王和城邦串谋但不敢公开做的事情，行驶葬礼：她可以自杀。她只被允许一点点空气，石洞的一个缝隙用来呼吸。她就这样过着残余的植物般的生命，这就是留给她的全部。就像深埋在石洞中的植物，如果它成功地逃出坟墓见到阳光，它才可以生存下去。在人类的维度中，这对安提戈涅是不可能的。生理上讲，她是个人所以没有能力逃跑，逃出这个监狱。尽管这样，安提戈涅仍旧需要逃离这个石头，摆脱控制和帝国的法律，如果她的移动就像在生活的家中一样，在自身内部，在宇宙内部。这是非常重要的：她分享着她的生活，血液，空气，水，火，不仅如此，她还要表现出对死者的尊敬：不管是个人还是法律。安提戈涅的行为逃不过对父亲家庭的尊重，对尘世神灵的畏惧，遵从城邦中所禁止的任何伦理行为。

法律、权利、他者城邦的义务为名；也要是为女性的世界。这种世界是从未出现过的，尽管它已经存在，而且是受压制的。作为肉身和男性世界的永恒中介，女性从未生产过自己独特的身份和世界。

伊丽格瑞为女性寻找的世界，是一种基于黏液的世界。"黏液"是这种秩序下特有的"象征"。所有这些都需要黏液使它的能力和物质本质的身份变得模糊。伊丽格瑞认为，"黏液"具有如下重要性：

黏液把当今需要仔细思考的事物变为可能。由于不同的原因和需要：

——任何关于女性的思考都有通过思考黏液。

——如果思考黏液，思考性别差异就会不在传统等级制当中。

——在它合适的扩大范围内，黏液不对应海德格尔所指示的我们这个时代所需要思考的关键问题么？

——另一方面，黏液数量秩序混乱的事实也许指示着它开端的地方，它的界限，它和神的关系，这些都必须要仔细思考。

——讨论中会带有一种神学，大家所欢迎的，欢庆的，尤其是因为尼采所说的上帝已死。换句话说，由于黏液有一种特殊的感觉和性质，它会超越和肉体相反的神，一种不变的神，一种稳定的真。相反，黏液会召集神的回归或进入新的肉体，新的基督再临。

——黏液代表了一些将会完成或反辩证法的东西。这个透明的概念将会和非透明相反，黏液的另外一种透明。不仅仅是可取的、物质的和用来建造工作的工具。等同于一些不能被否定的事物。后面总是留有踪迹：对子宫回归的向往，寻找比皮肤更深层次的空间，寻找进入和朝向自我和他者的方式，遇到从未存在或预期的他者。压制或忘记全部，没有踪迹，只有一种行为：黏液没有主体的感知和爱着自身，没有外界的位置。从未在一个完整的工作当中完成它的行为。但总是半张开状态。从不简单地等同于消费，也不是生小孩。服务于爱，呼吸，歌唱，从未像这样把握自身。这解释了人行为无规律的不稳定性。对裂口、深洞的焦虑，同样地，男性从不欢迎也不爱的行为寻找规律。这种拥抱黏液的失败导致了它的浪费，对它可能性的开发，它的快感，它的肉体，放弃或反复它的变得坏掉或不平稳的形式或爱的形式，取代永久的前进行和内部性。①

伊丽格瑞从女性生理的性出发，为女性寻找到的具有女性特征的"象征"物就是这种"黏液"。黏液的性质具有如下的特征：第一，黏液在爱的行为和生产的行为中，起到了重要的作用。但是由于它的普遍性和透明性，一直以来被人们所忽略和遗忘。这就如同女性一样，虽然她们一直以来承担着人类繁衍的重要使命，但由于它的普遍性而被人类所遗忘，认为这是理所应当的事情，忘记了它本身的重要性。第二，"黏液"或许代表一种完全相反或辩证的东西。它是一种半张开状态的向外界敞开，它服务于他者，却又显得没有踪迹和不稳定。"黏液"是对鸿沟的一种填补方式，也是填补人与人之间关系的很好的方式。因此伊丽格瑞建立的这种女性的伦理方式，这种女性间平等的爱，就如同"黏液"的方式，具有透明、服务、调和的性质，这些非常重要却常常被遗忘。

第三节 "性别差异"概念下人与人之间"有差别的爱"

在拥有了"同等之爱"以后，我们才可以谈论对他者的爱。我们传统的理论是在这个维度上的变质，他者经常处在一个被憎恨的位置，并不敞开解释。他者构成的同等之爱，对它自身没有太多认识。"同等之爱"充满各处，被提升到一种不可估量的地位并且吞没了他者之爱。

---

① Luce Irigaray, Trans. Carolyn Burke and Gillian C. Gill, *An Ethics of Sexual Difference*, London: The Athlone Press, 1993, pp. 110-111.

一 男性的他者

尼采曾经说，只要我们相信语法，我们就会继续相信上帝。不过在某种意义的上帝已死之后，论述仍旧保持着它不可侵犯的特征。如果说论述具有性别，就是在质疑语义秩序的最后堡垒。这就相当于和男性的上帝提出质疑，讨论的将是男性世界勃起的图腾崇拜和禁忌。男性越努力分析世界，宇宙和自身，就越去压制对论述基础的不满，他的分析仅仅是保护论述的不可变性。从一开始论述就是为男性生存，而不是为他生活的自然世界，也不是为了女性。论述作为工具为男性创办世界，把世界培育成一个他的难以理解的，神圣的界限。

在男人创造的这个世界中，男人也受到了威胁。种种现实表明，男人已经依附于他创造的这个日常生活和科学技术的假象当中。在这个假象世界，男人保护不了自己，也同样保护不了他者。在他的日常工作中，他不能认识自我，也丢掉了认识他者的可能，现在也处在丢掉自我的危险当中。在面对自然惩罚的时候，他也万般无奈，充满恐惧。男性不会也不愿意认识（或重新解释）在他技术产品中的这种二元性特征。最明显的特征也是最容易失之交臂和遗忘的符号，就是性别差异的生活符号。女性被置于休闲的领域，生产产品的材料，或是一般的符号。女性作为符号内部服务的媒介，没有机会去接近分享、交换、造就符号。尤其在母女关系当中，母女间的吸引会隐藏在符号当中。女儿、妻子、母亲不会再有关于她们自己关系的符号，也没有一个超然的实体——她们的他者，上帝或神灵。人造语言不会帮助女性逃离男性的统治，她们唯一的方式就是逃跑，才能进入和自然或上帝的直接关系当中。

二 女性的他者

女性承担的文化功能被判断为没有社交性的，因此被禁止在她们自己之中。她们被认为是女巫，因为她们和宇宙和神灵的交流方式被认为是神秘的，甚至她们根本就没有任何本质的或非本质的方式来表达自己。男性世界中"他者"的概念是非常明确的，即除去男性主体以外的一切，包括女性。而女性"他者"的概念却很难明确，因为她们只有在她们自身中寻找有限的"他者"。

伊丽格瑞认为，事实上最原初的超然是由女性引发的，在西方的传统中也确实存在，例如《新约全书》《圣经》爱情故事和神秘主义者等。西方的文化传统，事实上是早期传统的沉淀，女性的同等，女性间的同等，总是发生在时代的开端时期。女性的"他者"处在宇宙的发酵时代，对于"他者"的定义要求我们必须获得以下之一：对神的知觉，感知他者在出生时获得的神性；对于主体的知觉，为那些未完成和已开放的他者的感知。女性的"他者"存在于女性内部之中，没有任何主体和客体之间的关系，也没有任何等级的关系。它是一种和女性平等的"他者"，甚至说可以是女性自身。

三 "性别差异"伦理下之有差别的爱

伊丽格瑞试图给她的性别差异伦理学建立起模型。她认为每一个时代都有一个伦理的诉求，每一个伦理学的建立都应该有一个模型，性别差异伦理学也不例外。伊丽格瑞认为，每一个时代都对应着一种思考的方式。在当今仍旧需要认真思考情感和伦理问题。伦理的诉求是需要建立女性理论和实践的版本，这是由传统社会文化结构的必然性所决定的。

伊丽格瑞回顾了安提戈涅[①]的例子：安提戈涅是反女性的，是男性文化的产物。在黑格尔那里，这种人物代表了一种伦理，一种需要带出黑暗，带出阴影的伦理。社会秩序就像责备安提戈涅一样，责备伦理本身。国王克瑞翁的命运和安提戈涅一样悲惨，但是他是命运的

---

① 安提戈涅是古希腊悲剧作家索福克勒斯公元前442年的一部作品，被公认为是戏剧史上最伟大的作品之一。该剧在剧情上是忒拜三部曲中的最后一部，但是最早写就的。剧中描写了俄狄浦斯的女儿安提戈涅不顾国王克瑞翁的禁令，将自己的兄长，反叛城邦的波吕尼刻斯安葬，而被处死，而一意孤行的国王也招致妻离子散的命运。剧中人物性格饱满，剧情发展丝丝相扣。安提戈涅更是被塑造成维护神权/自然法，而不向世俗权势低头的伟大的女英雄形象，激发了后世的许多思想家如黑格尔、克尔凯郭尔、德里达等的哲思。引自http://baike.sogou.com/v75062466.htm。

主宰者。安提戈涅的行为沉寂了,封存在城市的边缘,因为她既不是主人也不是奴隶,她完全什么也没做,自杀是她剩下的唯一行为。安提戈涅没有什么好失去的,她对他者的生活也没有影响,因为她怕激怒克瑞翁,对于她来讲非常危险。克瑞翁说:"我不再是一个男性。如果我让她活,她就是男性。"这话揭示了男性的本质。对于他来讲,一个国王唯一的价值就是男性的。克瑞翁冒险去伤害他者,伤害女性的神性,爱的权力,良知和言说的权力。

伊丽格瑞认为,对于伦理的诉求,应该让人类回到原初的时代来计划怎样避免男女两性间的争辩,使人类有时间来生活,一起生活。为了实现这种伦理诉求,伊丽格瑞也试图为性别差异伦理找到一种传统观念看来是科学的模型。但是这种尝试显然是失败的,因为科学同样是在男性的语言系统下产生的,是对于男性主体地位的维护。在实际行为中,我们的普遍性等同于男性的习语,男性的想象,一个有性别的世界,而非中性的。这会惊奇的显现为一个不折不扣的唯心论的辩护者。总是男性在言说,写作,所有,包括科学,哲学,宗教和政治。伊丽格瑞不仅指出科学中很少有论及知觉的部分,而且指出科学模式也是男性创造出来的。科学的论述像语言系统一样,也总是在言说着男性的一切,科学、哲学、宗教和政治等等。首先在科学史中,没有关于科学知觉的论述(除了很少几位著名的物理学家有所论及)。知觉显现被视为是无中生有的,然而它们的形状和性质已经被整理出来:

——在自我面前假定一个世界,在自我面前组成一个世界。

——强制一个关于普遍的模型,目的是为了占有它,一个抽象的,不可见的,无形的模型,就像一个遗弃了宇宙而只有包裹衣物的模型。相当于在某人自我的认同中包裹了宇宙。也许是在某人自我的盲目中?

——像主体一样宣称,某人与这个模型是不相容的,例如证明这个模型是纯粹,单纯客观的。

——证明模型是"不可感知"的,事实上它至少是视觉上可

描述的。(例如，通过缺失，疏远已经暗中存在的主体)

——排除了这样的世界：通过中介工具使得感知成为可能，介入了一种在调查中把主客体分开的技术。这是一个移开或消除介入物的过程，宇宙中被观察物和观察主体之间的介入物。

——创建一种理想的或主观——生成的模型，独立于构成者的物理和精神上的组成。通过一个理想的阐述，伴随着归纳和排除法。

——证明模型的普遍性，至少是在给定时期内的普遍性。它的绝对权力（独立于生产者），唯一和完整世界的组成结构。

——支持这种普遍性，通过至少两个（相同的?）主体同意的实践协议。

——证明这个发现是有效的，有价值的，有益的（或是对自然的开发加剧了生命的枯竭?）。被假定为进步的。①

科学的模型中显示了"男性性别想象的同构"。科学家宣称"我们的主体经验或我们的个人观点不能用作判断任何陈述"。但很多方式中也显示出科学中的主体并不是中性或中立的，尤其是某些事物并不是在既定时期内发现的，因此存在着拒绝尊重科学的等级。伊丽格瑞逐一揭示出科学领域中，带有主体偏见的例子：

"自然"——物理学家的目标，在物理学家的手上有被开发殆尽和毁灭的危险，他们甚至都没有意识到。事实上，在这个理论中存在着很深的区分：例如关于量的理论/关于域的理论，固体力学/流体力学。但是事实上根据"固体"的研究发现，对于质料的研究很难到达包含着悖论的感知，科学在永动力研究领域被延缓或是停滞。这可以被解释为拒绝考虑主体寻找自身的动力么？

---

① Luce Irigaray, Trans. Carolyn Burke and Gillian C. Gill, *An Ethics of Sexual Difference*, London: The Athlone Press, 1993, pp. 121–122.

——数学科学,在集合论中关注封闭和开的空间,无限大和无限小。他们很少关注半开问题,动性集合,分析边界问题,事物的中间通道问题,从一个开端到另一个定义集合的过程起伏问题。(甚至拓扑增加的问题,是否关注不封闭不循环集合比关注封闭集合更多呢?)

——生物科学更为缓慢地呈现这种问题。例如胎盘组织的构成,细胞膜的渗透问题。这些问题不是直接对应着女性和母性的性幻想么?

——逻辑科学更多的关注二阶理论而非三阶或多阶理论。是后者更为关注边缘么?是它们扰乱了无序的经济么?

——语义学关注说话方式的模型,同步的言说结构,语言模型"直观的了解正常构成的主体"。他们没有面对,甚至有时拒绝面对性别讨论的问题。他们必然的接受某些单词项添加到既定的词典当中,新的格式特征也许潜在地变为可接受的,但他们拒绝思考句法和语义的运用也许带有性别的因素,也许不是中性的,普遍的,不可改变的。

——经济学甚至是社会科学都会强调不足的现象和生存的问题,而不是富裕和生活。

——心理学基于两个热力学第一原则为基础的弗洛伊德的欲望模型。但是这两个原则看起来更同构于男性而非女性。女性对于这些都缺乏主体性:紧张—松弛的改变,所需能力的保存,平衡状态的占有,开始于饱和状态的封闭循环,时间的可反转性,等等。[①]

伊丽格瑞认为如果需要科学模型的话,女性性别更适合用普利高津(Prigogine)的"耗散"结构论来解释。这种通过与外界交换的功能,从一个能量级别朝向另一个能量级别的过程,不是寻求平衡而是

[①] Luce Irigaray, Trans. Carolyn Burke and Gillian C. Gill, *An Ethics of Sexual Difference*, London: The Athlone Press, 1993, pp. 123-124.

穿越极限，对应着出离无序的过程。但人类需要面对的问题是，在我们生活大量地被科学和技术统治的领域，科学和生活的"真"是否是分开的。主体的瓦解是通过知识和它的权力结构给程序化了，关于主体的论述已经发生改变，世界中的语言也变得更为扭曲。现在的科学家想要站在世界的前沿给世界命名，制定法律和公理，想要操纵自然，开发它，但是他们忘记了科学家本身也处在自然之中。在科学家研究的过程中，按照他自己设计的客观方法，试图排除任何关于自我的不稳定因素，任何"情绪"的，任何感觉和情感的起伏，任何没有被科学命名的直觉，任何自我欲望的影响，尤其是性欲的影响。因此，伊丽格瑞认为，最可能引起对科学模型质疑的方式就是对科学主体的质疑，在科学发现和形成过程中主体精神和性别因素介入后的质疑。

科学模型的尝试失败之后，伊丽格瑞提出，需要建立一个关于性别差异的外部领域，在这个领域内可以重新产生社会秩序——女性模型。在这种女性模型当中，女性可以通过她们的语言，对未曾提及的维度提出问题并加以分析。现在必须允许女性言说，如果女性受到关注，可以言说，就可以避免黑格尔哲学中的两个伦理错误：其一，使女性服从命运，不允许她们有任何关于自我的思想和自我意识。给予她们的部分只有死亡和暴力。其二，关闭男性关于自我的意识，没有给上帝和关于上帝的论述留下空间，甚至今天都是同样的理由，搜寻着它的意义。伊丽格瑞认为，我们所处的时代面临着这些问题，存在一种不正义，一种伦理错误，一种对"自然法"和诸神的亏欠。世界并不是没有差别的，没有中性的，人类必须以继续生活和创造世界为己任，要想完成这个任务，只有依靠世界中两个部分的共同努力：男性和女性。我们不应该再继续忽略母性的、自然的、基质的、营养的事物。

伊丽格瑞举例说，我们对女性的遗忘，就像对生活中不可缺少的元素空气的遗忘一样。我们呼吸的空气，我们在其中生活，言说，展现自我。空气是每一个事物的"进入者"和形成者。伴随着我们的出生、成长，我们从未关注过空气。忘记了存在就是忘记了空气，第一个免费提供给我们营养的物质。因为空气太普遍了，太习以为常了，虽然重要，但还是被人们所遗忘。这和女性的主体是一样的，女性的存在也太为普遍，太平常了，以至于人类忘记了女性的存在和重要性。男性通过建造世界和语言，来减轻他们对子宫怀念的痛苦，来忘记女性的主体地位。在他所有的创造物和作品中，男性总是看起来忽略了自己的肉体，在自己原初的"家"得到的肉体。而这个肉体却决定了他来到世界中的可能性。我们这个时代最基本的遗弃也许会解释为我们没有记得和赞美生活中不可缺少的元素，包括从最低级的植物到最高级的动物形式。自然、空气、水、女性……

因此我们需要在女性的模型下，建立性别差异伦理学。这种女性的模型，就是基于女性身体的特有体验，女性的言说和女性被遗忘的母性特征，等等。海德格尔说"现在只有上帝可以拯救我们"。上帝希望回到原初时代，而不是我们这个封闭的时空。根据恩培多克勒（Empedocles）所言，造物主会把宇宙变成一个循环。我们仍旧在等待"基督再临"，准备着迎接它的到来。有了上帝我们才能避免衰退，重获新生，进入历史的新时代。这个"基督再临"就是伊丽格瑞所建造的性别差异伦理学。在性别差异伦理中，男性个体不再掩盖深埋在语言中的他者。人类用中性的，抽象的"存在"的方式为"我们是""我们变成""我们在哪儿"提供可能的空间。这个创造会为我们提供一个机会，展开一种超然，我们会成为中间的桥梁。在尼采的"上帝之死"之后，伊丽格瑞建立的性别差异伦理学，希望将我们的语言和伦理能够在新时代得以复活。

总体来说，伊丽格瑞性别差异伦理的建构主要分为三个层面：

第一个层面是"两性之爱"。伊丽格瑞从两性的生理差异入手，谈及男女两性的"自我之爱"。伊丽格瑞指出，男性的"自我之爱"是非常明显的。因为男性的性（器官）是外露的，他的一切都可以明显地显示出来。女性的"自我之爱"却是被历史遗忘的。原因有二：一是女性的性（器官）是内部的，多元的，隐蔽的。因此女性的性和女性的"自我之爱"很难被察觉到。二是女性在男性语言系统的统治之下，无法言说自我，无法言说"自我之爱"。在这种长久的沉默当中，女性的"自我之爱"不仅被男性所抛弃，就连女性自我都将其遗忘了。因此，伊丽格瑞想要揭示的就是女性的"自我之爱"。伊丽格瑞以其特有的女性体验，试图寻找女性的身份主体，寻找女性的特征以及女性的"自我之爱"。

在"自我之爱"的基础上，才能谈论两性间的相互之爱。因为"自我之爱"的确立，就像自我主体身份的确立一样，它标志着一种性别主体的独立存在。伊丽格瑞在谈论"两性之爱"时，批判以往对"两性之爱"的解释。以往"两性之爱"想要到达的"合二为一"的境地，是一种男性空想的状态。男性并没有给出这个"合二为一"的状态如何才能实现。除非是现实中存在的，男性对女性的统治，男性把女性看作是自己身体的一部分，一个属性。伊丽格瑞想要建立的，是一种两性都为主体的"二"的形式的爱。在这种"两性之爱"中，男女两性都彼此保持着自己独立的主体地位，这样才能够保持男女两性间的相互吸引，到达男女两性之间的真正的联盟。

第二个层面是"同等之爱"。伊丽格瑞认为，在"两性之爱"建立之后，我们应该回归最原初、最古老的"同等之爱"。这种"同等之爱"是一种未分化的爱，它是对最原初的大地、自然和母亲的"爱"。"同等之爱"是本体性的爱，但它却常常被我们遗忘。"同等之爱"是一种可溶性的爱，它不是一方对另一方的控制，而是两者之间的相互包容，相互理解，相互尊重。在"同等之爱"中，相爱的双方都可以保持自己原有的主体，它是一种没有等级、没有区别的爱。伊丽格瑞认为这种"同等之爱"具有母性的特征，滋养着每一个人。

伊丽格瑞分析了"同等之爱"在男性中被遗忘的原因：一是男性在形而上学的建构当中，逐渐遗忘了对自己原有身体的关注。二是男性在时空构建的过程当中，扭曲了"同等之爱"。伊丽格瑞同样也分析了"同等之爱"在女性当中被遗忘的原因：一是女性为了得到男性的爱，和自己母亲的分离以及和姐妹之间的竞争关系。二是女性在历史长期地压迫下，形成的一种趋同性。这种趋同性淡化了女性个体的差异，使女性间的"同等之爱"的建立遇到了困难。最后一点是，女性缺乏一种象征性的符号。女性间的"同等之爱"即使存在，在男性统治的语言当中，也是无法言说的。因此男性要对自己构建的形而上学进行反思，回归对自我身体的思考。女性需要寻找自我身份的主体，在独立的主体中间，形成女性和女性间的"同等之爱"。并借助"女人腔"的表达方式，将其表达出来。伊丽格瑞提出，"同等之爱"的建立，可以通过类似"黏液"的方式来建立。因为女性的"黏液"和"同等之爱"有结构上的相似之处。它们都是普遍存在但又被忽略了的、重要的爱的形式。

第三个层面是"他者之爱"。伊丽格瑞认为"他者"之爱是"同等之爱"忘记自我的形式。男性的"他者"是除去自我以外的一切其他事物，包括女性。而女性"他者"的概念却十分模糊。因为女性就生活在"他者"之中，女性的"他者"概念，是一种和自我没有差别，没有主客体间的对立，没有等级差别的"他者"。在这种"他者"概念下，形成的"他者"之爱，才是伊丽格瑞性别差异伦理学的诉求。她想要建立一种两性同为主体的伦理模式，在这种模式下，两性达到一种类似"阴唇"关系的状态，两者保持各自的主体而又相互吸引和依赖。伊丽格瑞的"他者"还包含了非动物世界中的植物和自然，表达了她与自然和谐相处的"自然观"。

伊丽格瑞的"两性之爱""同等之爱"和"他者之爱"建立起来后，她试图为她的伦理学寻找科学的模式，但她还是失败了。因为科学中并不包括感知的领域，却和男性的性别想象"同构"。因此，伊丽格瑞还是把她的性别差异的伦理学诉诸女性模型。这种女性模型可以使我们的伦理学避免黑格尔所说的两个伦理错误，也可以使这种伦理学在进入新的时代后发挥其重要的作用。

第五章

"性别差异"伦理的困境与发展

伊丽格瑞的"性别差异"理论在国内外都产生了重要的影响，具有理论和实践两个方面的意义，而且她的理论是不断发展的，是与时俱进的，具有鲜明的时代特征。她不断地回应着社会现实，发展着她的理论体系，在批判和质疑声中，伊丽格瑞的"性别差异"理论逐渐被世界各国的学者所认同。

第一节 "性别差异"伦理的现实困境

女性主义伦理学的出现和发展，也源于社会发展过程中出现的新型问题。举例来说，20世纪80年代以来，色情文化泛滥，而主流伦理态度则从色情文化的作用和社会价值入手探讨色情文化的伦理价值判断。就在这时，女性主义伦理学从女性主体出发，关注女性自身体会，从属性地位、性别对象化以及女性自身的个人发展以及身心健康出发来探讨色情文化的伦理价值判断。这一讨论在伦理学界引起了不小的反响，因为它是反传统的，具有新的研究视角和研究方法。女性主义伦理为新社会发展下提供了女性视角的道德价值判断和态度。她们创造了新的道德概念、研究方法和性别意识，让人们开始反思传统主流的道德观念是否存在性别偏见。女性主义伦理更加关注具体的人际关系以及私领域的关系问题，而非传统道德中公领域的政治问题，比如夫妻间的性关系、家庭成员间的关系、朋友关系等。女性主义伦理更加注重人的真实的欲望和情感，并不把这些看作是非理性的、不道德的，而是把人与人之间的关怀、同情看作是真实、道德的情感。女性主义伦理更加注重人与人之间的相互依存、更加注重增加女性的道德主体性和社会道德尊重。

当然，女性主义伦理也是逐渐发展的过程。从开始的分析具体的社会问题，到理论的提出，也同样是在质疑和发展的过程中。伊丽格瑞对于女性身份本质的探讨，使西方哲学从男性"同一性"走向了"差异性"。弗洛伊德运用精神分析的方法第一次开始探讨女性气质以来，西方思想界对于女性的认识就一直处在男性的视角中。伊丽格瑞打破了这种男性的"同一性"，逐步建立了与男性区别的女性身份。她批判了弗洛伊德的理论，反对认为婴儿阶段的男女都具有双性特征，即"小女孩就是小男孩"。在小女孩经历了"阳具嫉妒"和"阉割焦虑"之后，小女孩的恋母情结逐渐转变为恋父，她也会因此而成长成为正常的女性，具有了成年女性的心理特征。男性的性器官以阳具为标志，它是定义性征的中心，是绝对的"一"。由于女性没有阳具，因此被定义为"缺乏""萎缩"或是"阴茎嫉妒"，阴茎被看作是唯一有价值的性器官。在伊丽格瑞看来，弗洛伊德根本就没有定义女性的性征，他只是把女性的性征作为男性的角度论述男性性征之后的补充说明。在弗洛伊德那里，女性只是男性的反面，男性的"缺乏"，是与男性相反的非"一"。

伊丽格瑞对拉康提出的"阳具"概念也提出了自己的质疑。她认为拉康所说的阳具并不单单是一个语言学符号的象征意义。拉康的"阳具"还是源于男性的阴茎，是男性性征的体现。象征界是人类进入语言系统后产生的，而语言系统本身就是男性的创造物，语言系统中阳具的中心地位始终是没有改变。拉康把阳具看作是象征界能指的做法，同弗洛伊德的做法并没有什么本质上的差别。虽然拉康指出阳具既不是一种幻想，也不是客体关系理论中所指的客体，更不是生殖器官，而是一个能指。但他也说明了阳具和阴茎之间的密切关系才能成为超验的能指，阳具是来自阴茎但超越了阴茎的抽象概念。拉康承认女性的性征存在于真实的世界当中。在这一点看来，拉康对弗洛伊德的女性理论做出了突破性的发展，他第一次真实意义上把女性性征作为实体存在来进行探讨。拉康把女性的性征留在了"真实"的世界中,"女性的性快感"具有独特的突破性,它能够使女性超出阳具的作用范围,突破阉割和语言的限制,使女性打破男性对于她们的幻想,进入以男性为中性的语言和知识所不能到达的"他者"的领域。拉康建议把"女性"这一词的上面加一个删除号,即"女性",语言对于女性来说是异质的,超出语言范围的部分称之为"额外的性快感"。拉康把女性"额外的性快感"指向了神秘主义,是一种带有男性思维的、不彻底的进步。

波伏娃具有女性体验和思维方式,她的代表作《第二性》从根本上改变了女性对自身的认识,受到世界各国女性的青睐。在该书中波伏娃认为女性一直被男性视为客体,是男性的"他者"。女性的性也成为次于男性性特征的"第二性"。女性扮演着父权社会男性规定的角色,没有自身的主体性和自己的行为权力。女性长期以来处在一种被压迫、被剥削的地位,她们没有话语权,没有自己独立的思想,也无法表达自己的欲望,一直都是男性的附属品。波伏娃想要达到一种女性解放,这种解放就是让女性不再局限于同男性的关系当中,要成为与男性平等的、独立的女性个体。在《第二性》中,波伏娃也论述了男女两性的生理差异,但是结合当时的存在主义哲学背景和社会主义运动氛围,波伏娃并没有进一步的分析这种差异,而是提出了女性解放以及男女平等的口号。

卡罗尔·吉利根运用道德心理学的研究方法,建立起女性主义关怀伦理学。这一重要理论的建立,标志着女性主义伦理不仅仅能够挑战和批判传统的伦理学,还能够建立自己的伦理价值体系。吉利根运用心理学的研究方法,运用实验分析的手段,选择女性被试。这些女性都是怀孕后,由于种种原因需要选择是否堕胎。吉利根对这些女性进行跟踪观察,得出女性更为关注人的切实需要,认为女性更容易注重人际关系,尊重人的欲望和情感的需要,而非简单的理性的评估。她的工作从经验的角度为女性伦理提供了一个重要的分析典范,对当时的功利主义及新康德主义提出的公平正义是一个极大的挑战,受到女性主义伦理学者的极大赞扬和追捧。当然,随着社会和理论的不断发展，也有对提出质疑的，主要集中在以下三个方面：第一，经验研究中数据收集问题。数据单薄，并不具有太强的说服力。第二，其中女性更善于处理人际关系的观念遭到质疑。学者们认为，人际关系的适应能力是因人而异，而非女性比男性具有更强的人际关系协调能力，这掉进了传统男女刻板印象的旋涡。第三，选择的被试为中产阶级白人女性，忽略了种族、民族、阶级、宗教等因素。这也是受到传统西方哲学同一性的影响，没有考虑差异的因素。

率先从性别差异角度解释女性的是伊丽格瑞。与弗洛伊德一样，她运用了精神分析的方法，从生理角度提出了与男性阳具针锋相对的女性"阴唇"的概念。在她看来，女性的性不是弗洛伊德所说的阳具缺乏，而是有自己独立特征的有别于男性性征的性。女性的性以"阴唇"为代表，分布于全身多处部位，如乳房、阴道、阴蒂、子宫等。女性的自慰结构也不同于男性，女性随时都在触摸着自己而且没有任何阻碍，因为双唇之间就可以相互触摸。因此女性全身都能感觉到性快感，它是一种发散的，多元的性别体验。伊丽格瑞关于女性性征特点的描述，是基于女性独特的感受和体验，强调女性身体同男性身体之间本质性的差异。女性的性绝不是阳具的欠缺，不是非"一"，是一种复数的、多元的，具有与男性不同的性征。由此，关于女性身份的定义，从"同一性"走到"差异性"，从被忽视、被压迫的地位到发现女性独立的自我特征。伊丽格瑞提醒人们关注差异，尊重他者，消除对立，共建一种和谐的两性关系。

伊丽格瑞清楚地论述了女性性征和男性性征之间的差异，从女性自身的发展阶段和身体体验来解释和描述女性。这是女性主义哲学家对女性的第一次创造性的探索和描述，这也正是伊丽格瑞女性主义理论的独特贡献，是她超越以往女性探讨的独特之处。关于伊丽格瑞的性别差异理论产生的影响，学术理论界也是褒贬不一。对于她的批判主要来自唯物论角度和本质论角度。莫妮克·柏拉扎从唯物主义角度批判伊丽格瑞："女性这一概念被叠盖于存在的物质性之中——女性被封闭于家庭圈之内，为了自由而工作。父权制秩序不仅仅是意识形态方面的，也不只是存在于单纯的'价值'领域；它形成了一种具体的物质压迫。要揭露它的存在以及运作方式,我们必须公开谴责以下事实,即为了达到压迫的目的,性别范畴已经侵犯广阔的领土。"[1] 柏拉扎认为女性受压迫的地位不是纯意识形态的问题。在伊丽格瑞的理论中没有提及和分析女性受压迫的物质状况。伊丽格瑞没有考虑到女性受压迫的历史背景和物质状况,她提出的关于女性的定义仅仅是形而上学的。陶丽·莫伊在她的《性与文本的政治》中也提到:"《他者女性的窥镜》在缺乏权力作唯物主义分析的同时,还表现出历史方向的迷失。不是说这部著作违反历史事实;相反,这部著作表明某些父权制散漫离题计策不断地出现在从柏拉图到弗洛伊德的历史中。还有一个很好的例子可以说明,女性在西方世界受压迫的某些方面在几百年来中相对来说仍无改变;而伊丽格瑞做了一项重要工作,她力图揭露目前的父权制计策。更准确地说,《他者女性的窥镜》暗示了所有关于父权制法则的内容,而在这方面它又与历史无关。显然,伊丽格瑞没有研究父权制话语对女性所造成的历史变化影响。"[2]

如果说波伏娃等人争取的是一种妇女平等、妇女权利和权力的话,伊丽格瑞则对这些显得关注不够,这也许是她被唯物主义者批判的原因之一。但伊丽格瑞需要阐述清楚的是两性之间的性别差异。在她看来,以往女性主义的成果只是从反面确证了阳物的统治。伊丽格瑞想要从理论上建立女性自己的主体地位,摆脱父权制的统治和压迫,最终形成一种与男性相差异的女性地位,建立两性主体的平等。

西方哲学的传统追求"同一性",很少关注"他者"的存在。从弗洛伊德使用精神分析的方法解释女性特征以来,"他者"的概念才逐渐浮出水面,而且变得越来越清晰。弗洛伊德单独解释了女性的性征,但却没有把女性放在"他者"地位上,女性的性征只是男性的反面,是男性的欠缺,是非"一"之性。女性的性征只是作为解释男性性征之后的补充说明,女性不是"他者",而是一种不完善的男性,

---

[1] Monique Plaza, "Phallomorphic Power and the Psychology of 'Woman'", *Ideology and Consciousness*, 4, Autumn, 1978, pp. 36-44.

[2] Toril Moi, *Sexual/Textual Politics: Feminist Literaray Theory*, London; New York: Methuen, 1985, pp. 148-149.

她们和男性保持着"同一性"。在弗洛伊德的思想中还没有完全出现"他者"的概念，但是弗洛伊德已经开始意识到女性，开始意识到女性是有差异的，她们是男性在某种程度上的不完满。

拉康把女性身份重新解读为与解剖学无关的心理和语言现象，为女性主义者解构和重新建立女性身份提供了重要的思想启发。但是拉康始终把女性看作是一个客体化的"他者"。在"想象界"中，婴儿没有关于身体独立的概念，更不要说对女性的身体有独立的概念。随着年龄的增长进入"象征界"之后，拉康把男性的阳具抽象为一种"主体"和"他者"关系的"特权能指"，而女性对于此"能指"的缺失，是人类进入语言世界后造成的主体性分裂、异化或缺失，因此女性只能是男性阳具所指的"他者"，是一种客体化的、对象化的事物。女性通过化妆成才能吸引男性，成为男性欲望的对象。"女性"就是象征秩序内男性形成的幻想，但是象征秩序内的男性，从来都不知道真实的女性是怎样的。因此在拉康那里"女性"是不存在的，只是象征界中男性阳具的所指。拉康较之前者的进步在于，他认为女性的性是真实存在的，她们存在与"真实界"。在拉康的思想中，"他者"的概念已经出现。但"他者"仍然是一种对象化的客体存在，是主体欲望宣泄和满足的对象。"他者"没有自己独立的地位和特性，它存在的意义就是服从和服务于主体的存在。

波伏娃作在《第二性》中指出女性一直被男性视为客体，是男性的"他者"。对于男性来说，女性就是性，而不是其他的什么。女性参照男性而被定义和区分，而不是男性参照女性。她是附带着的、次要的，与重要的相对存在。男性是主体，是绝对——而女性则是他者。女性的性也成为次于男性性特征的第二性。女性主义运动要想使女性的权力和地位得到和男性一样的平等，女性就需要摆脱和男性的这种关系，建立起自己独特的主体和自主权。波伏娃是第一位把女性地位解释的如此清晰的哲学家。但是她对"他者"并没有明确的定义，只是说道女性是处于"他者"这样一种地位，女性没有自己独立的主体没有自己独立的思想。女性要争取和男性同等的权力和地位，要达到两性的完全平等。由此可见在波伏娃的眼中，"他者"这一词所指代的仍旧是女性，仍旧是那些处于"第二性"的人，仍旧是那些受剥削、受压迫甚至带有些贬义色彩的事物。

列维那斯也对于"他者"概念进行了系统的研究，他试图用"他异性"打破"同一性"，从而摆脱"总体性"的主宰。有学者认为，他所论述的"他者"是"绝对的他者"，其绝对性体现在不可化简、不可还原、与我不同、具有独立的地位、不被"同一"整合。列维那斯的"他者之脸"集中体现了他的伦理学思想。"他者之脸有三层含义：第一，杀戮是我之自由。反杀戮是他人之'脸'；第二，在他人之'脸'跟前，代表暴力的杀戮总是失败；第三，当我对他人由'杀戮'变成'欢迎'时，我就扭转了我的存在本性而进入伦理性。列维那斯的他者伦理学引起了后现代女性主义者的关注，这一是因为差异问题是后现代主义研究的一个突出问题，二是因为这一伦理学直接涉及性差异问题。"[①] 但是在《存在与存在者》中，列维那斯论述说，最突出的他者是女性。接着在《时间与他者》中继续补充道："他性或相异性是女性真正的本质。"在《整体与无限》中，女性被描述为是"不说真话"的动物，她们没有"作人的身份"。列维那斯对女性态度上由激进到保守，对性爱和女性他者的兴趣由强烈到微弱，并越来越关注自我与他者的伦理关系，最终将女性以及性爱从他的伦理学中排除，只保留了母性和性爱的有效性。他的这些观点遭到了女性主义者的批判。在《性别差异伦理学》的最后一章中，伊丽格瑞也对列维那斯进行了批判，她认为性爱是自我和他者的某种程度上的再生。

伊丽格瑞对"他者"的概念进行了进一步的发展。她认为，千百年的哲学传统关于"主体"这个概念只有一个模式即只有一个主体，相对于主体的其他事物都是客体的。从来没有人对该观点产生过任何怀疑，直到19世纪末，"他者"的概念才开始被关注。伊丽格瑞的主体概念也开始具有社会性，承认不同于自我的其他身份主体的存在。例如儿童、神经病患者、野蛮人、工人等。这也正是伊丽格瑞所倡导

[①] 方亚中：《依利加雷对列维那斯他者伦理学的女性主义批判》，《华中科技大学学报》2010年第6期。

的：这些经验中的不同已经被考虑到，并不是所有的人都是同一的，对他者和他们差异性的关注显得尤为重要了。伊丽格瑞在《我对你的爱》中，有一段对"他者"的明确定义：

> 他者（《他者女性内视镜》的副标题）必须被理解为一个名词。在法语和其他语言中，比如印度语和英语，这个名字可以指涉男性和女性。以此作副标题，我是想要说明"他者"事实上不是中性的，既不是语法的，也不是语义的，它不是或不再可能是用同一个词指涉不同的男性或女性。最近在哲学、宗教、政治中都有所实践：我们言说他者的存在，对他者的爱，对他者的焦虑，等等。但我们并没有询问他者是谁或他者代表的是什么。对他者差异性缺乏精确的思考，使之迷惑了思想——包括二元论的方法——处在用单称（男性）主体表达的一种理想状态，处在一个彻底单一的幻想当中，导致宗教和政治陷入一种经验主义，缺乏伦理地对他者的关注。事实上，如果他者不是根据它的真实实体来定义的话，它就仅仅是另外一个自我，而不是真正的他者；因此它既不多也不少于我，它也可以拥有既不多也不少于我所拥有的。它因此可以代表（我的）绝对的高尚（greatness）或绝对的完美（perfection），他者：上帝，统治者，逻各斯；它可以指称最小的或贫困的：儿童，病人，穷人，陌生人；它可以指称我认为和我平等的一起。事实上也没有其他的了，更大程度上的同一：或小，或大，或同等于我。①

在这里，伊丽格瑞对"他者"的概念做出了详细的论述。她思想中的"他者"与以往哲学家的理论不同。伊丽格瑞的"他者"是主体性的，是有别于自我的另外一个主体，这两种主体的关系是相互作用的，而且它们没有等级、制度等的差别，它们是平等的。伊丽格瑞

---

① Luce Irigaray, Trans. Alison Martin, *I Love to You: Sketch for a Felicity Within History*, New York: Routledge, 1996, p. 61.

在《他者的问题》(*The Question of the Other*)中批判波伏娃关于"他者"定义局限性的同时,更加明确了自己的概念。伊丽格瑞认为女性主义所追求的"他者"不应该仅仅指对男性相对的另外一种性别(第二性),而是以外一种人(女性)。她认为波伏娃的理论只是要求我们去寻找和争取和男性一样的东西:地位、权力、话语等,这种简单化等同只会使女性逐渐趋同于男性,成为和男性一样的女性,而失去了女性所固有的性质和特征。伊丽格瑞认为,这些对于男性的趋同是因为波伏娃仍旧处在男性思维模式当中。这种思维模式中只有一个单一的主体(男性),波伏娃希望女性同男性一样,具有这种主体的性质。而伊丽格瑞就试图摆脱这种单一的思维模式,因此她建立了关于他者的差异伦理学。她认为主体不仅仅是单一的,它是有差异性的,它是"双"的,就像女性"阴唇"的关系。这种关系是"两者"的关系,是两个主体的。它们之间是不可替代的两者,没有等级制度的关系,因为他们拥有着共同的目标:在尊重相互差异的前提下,繁衍人类物种和发展人类文化。

这样伊丽格瑞明晰和深化了关于"他者"的概念,明确了"他者"的主体地位,也阐释清楚了"他者"在她整个理论中的重要作用。对于"他者"的关注,是她差异理论的基础,是她建立差异伦理的根本所在。

第二节 理论的深化和发展

在《性别差异伦理学》一书之后,伊丽格瑞出版了《二人行》和《我对你的爱》两本著作,提出了人们所设想的未来理想中的男女关系:相互尊重、相互依靠、相互吸引且各自保持主体性。伊丽格瑞的这种构想需要从以下四个方面来实现:法律、语言、宗教和爱。强调女性要主动地从这四个方面努力朝向建立自由、自主、独立的人格身份,因为只有这样才能够:"作为两者,意味着要帮助对方,意味着要发现幸福,呵护两性之间的差异。这不仅因为两者之间的关系对于生殖作用很大，也是因为这一关系本身就代表着人类生产和生育的手段，而且是因为这一关系两性才能获得幸福并继续繁衍。"① 伊丽格瑞的差异伦理从女性的角度重新解释了两性的关系，以及这种关系应该如何建立的。伊丽格瑞的这种差异伦理，是在首先肯定生理上的性别差异的基础上，建立一种男女两性都是主体的两者关系的理论。

在伊丽格瑞的思想中，"他者"的概念也包括我们赖以生存的自然环境。这是伊丽格瑞的自然观，她认为自然界是有性别的，一直如此而且到处是这样。所有与宇宙一致的传统都有性别，都会以性别的术语来思考自然的力量。关于伊丽格瑞的自然观和她差异理论的关系，艾莉森·斯通做出这样的论述："伊丽格瑞与传统哲学对自然的理解不同，她进一步发展了自然实体中的性别差异的成分。在她的哲学中，自然中到处都充满双性的特征，来源于双性的实体，就像人类的男女性别一样。伊丽格瑞在此基础上守护着她不同寻常的自然理论：我们经历自然的基本途径，就像现象学作品中的开发。她关于自然的理论，支持了她关于性别差异的概念，就像是两个不同节奏中的差异。根据伊丽格瑞的理论，这种根本韵律的差异会使两性产生心理和性情上的差异，就像生物学上所讲的经验上的那种差异。"②

伊丽格瑞认为，男女两性的划分是自然实体形成的。如果没有男女的划分，地球上就不会有生命的存在，这是人类生产和再生产的条件。伊丽格瑞的自然观支持着她的性别差异理论，她的性别差异理论同样要求人类尊重自然，善待自然，合理地开发和利用自然。把自然作为同样具有主体性质的"他者"，和大自然建立一种两者的伦理关系，和谐发展。这是伊丽格瑞差异伦理的核心部分，她不仅希望人类可以处理好男性与女性的关系，自我与"他者"的关系，也希望人类可以处理好人与自然的关系。差异并不代表不可调和，也不代表分离，它是一种尊重他者、承认生物多样性的伦理，它是另外一种男性

---

① Luce Irigaray, Trans. Kirsteen Anderson, *Democracy Begins Between Two*, London: The Athlone Press, 2000, p.57.

② Alison Stone, *Luce Irigaray and the philosophy of sexual difference*, London: Cambridge University Press, 2006, p.61.

第五章 "性别差异"伦理的困境与发展

与女性，人类与世界的交往关系。只有自我和他者都处在这种和谐平等的伦理关系当中时，我们才有可能重新建立起一种文明的世界。这种文明的世界会更加真实，更加正义和具有普遍性。对于伊丽格瑞的评价，国内学者刘岩教授的这段话显得尤为贴切："虽然这一主张带有明显的乌托邦的特征，但我们不能忘记马克思主义的出发点和最终目标都具有明显的乌托邦特征，这是驱动人类社会走向更加合理、更加完善的原动力。伊利加蕾作为一位女性哲学家参与西方哲学话语的建构，批判地审视男性哲学传统和男性阐释系统，这一举动本身的革命性、颠覆性和建设性已经足够让她在西方哲学话语中占据重要一席了。"[1]

后现代女性主义拥有一种新的视角，即从"女性的"观点出发，承认"女性"视角的多样性和差异性，最终沟通自己和"他者"的关系。性别差异问题不仅探究男女两性间的差异性，还关注女性个体间具体的差异性。这些对于差异的关注，使女性主义的研究进入了一个新的领域。从波伏娃的《第二性》到诺丁斯（Nel Noddings）的关怀伦理，再到伊丽格瑞的差异伦理，这些表现了国内女性主义学者们的思路历程，也表现出她们孜孜不倦的学习和研究精神。

伊丽格瑞从女性哲学家独特的身体体验出发，提出了性别差异的"阴唇"理论。在这种本体论的支持下，她创建的伦理学也是双主体的伦理学："作为两个主体要求两个人相互协助去生存，去发现，去培养幸福，去关照我们之间的差异，不仅仅因为差异在生殖中的作用，因为它是人类生产和繁殖的手段，而且也是为了获得幸福并使之枝繁叶茂。"[2] 在《二人行》中，伊丽格瑞指出生理上的性别差异会带来其他社会和文化的差异。男女两性应该尊重这种差异让你保持你，我保持我，永远将他者降低到仅仅有一种意义，即我的意义，我们要始终相互倾听，以便保持各自的独立。而且人类在两性之间得以

---

[1] 刘岩：《差异之美：伊里加蕾的女性主义研究》，北京大学出版社2010年版，第165页。

[2] Luce Irigaray, Trans. Kirsteen Anderson, *Democracy Begins Between Two*, London: The Athlone Press, 2000, p. 57.

实现，无论是男性还是女性，都注定要担负起实现自己性别的命运。这包括同另一性别一起实现人类的使命。

伊丽格瑞的思想对西方社会产生很大的影响。第一，她从本体论上打破了男性身份的"同一性"。从女性独特的视角出发描述女性性征，定义了女性身份。使西方对于身份的研究从"同一性"走向"差异性"，她也明确和深化了"他者"的概念，让"他者"不再处于客体对象的身份出现，而是以一种从未有过的主体身份出现，建立起一种两者主体的性别差异的伦理学，为人类制定了一个宏伟的蓝图，描述出未来理想中的男女关系：相互尊重、相互爱慕，相互依存而又相互独立。

第二，伊丽格瑞对女性身份的探讨，为女性摆脱男性统治枷锁提供了本体论意义上的指导，使女性关注自我，思考自我和寻找自我。伊丽格瑞所倡导的"女人腔"的言说方式，也引起了西方其他女性主义思想家对于女性语言的关注，致力于建立女性的言说方式，例如同时代的克里斯蒂娃和西苏，她们都以各种不同的方式寻找着女性的语言。伊丽格瑞性别差异的伦理学，对西方的政治也产生了重要的影响，她还为欧盟建设提出了自己的十点建议。

1. 我们生活在金钱控制的社会中，过去的政策是富人帮助穷人，这种形式会引起很多错误。单一依靠富人的捐赠是不能解决社会问题的，我们需要重新思考人与人之间的关系，人与商品的关系。

2. 在工作领域，我们并没有尊重个人选择商品的权力。每一个人都应该是生产的主人，而非服务者。而且我们应该尊重我们赖以生存的自然，改善人和自然的关系。

3. 国家应该把保护环境作为己任，保护人类群体的生存环境。人类不能在无序地竞争中任意地破坏环境。

4. 对发展中国家强制推行的工业化也存在着严重的问题，我们应该推行适合每个具有差异性的国家的经济政策，而不是强制推行单一的模式。

5. 在金钱、技术和媒体的控制下，人类面临着丧失身份的危险，人与人的关系不再由人类自己决定。

6. 应该重新思考政治和宗教的分离问题。

7. 在保证商品的生产和消费的过程中，需要保证家庭成员间的和睦相处。

8. 重新思考宪法和人权宪章，确保每一个公民的权力。

9. 欧盟的建设不能只停留在经济层面，还需要考虑如何容纳不同文化传统中的个体。

10. 关注人类文化的历史和未来。[①]

第三，对西方马克思主义女性主义理论的继承与发展。马克思主义女性主义直接学习和运用了马克思、恩格斯和其他思想家的思想，从经济角度分析女性受压迫、受歧视的根本原因。她们关注马克思主义的经济学理论，认为妇女的工作塑造了妇女的思想，也就造成了她们受压迫的根源——资本制度、权力关系以及交换制度等。由于广大妇女并不直接掌握生产资料，因此她们长期处于被雇佣的地位，并且没有相对稳定的阶级意识和阶级斗争的方法，因此妇女长期处于受压迫的现状。当代马克思主义女性主义的代表人物有朱丽叶·米切尔（Juliet Mitchell）、艾利斯·杨（Iris Young）、艾莉森·贾格尔（Alison M. Jaggar）等，她们关注妇女的家务劳动、妇女与劳动力市场的关系、资本主义与父权制、家庭与意识形态、异化和社会化大生产、全球化与女性发展等新问题。伊丽格瑞理论中对马克思主义思想的继承和发展最主要体现在揭示女性定义时指出的女性的商品价值和社会身份。这一思想的来源可以追溯到恩格斯《家庭、私有制和国家的起源》，伊丽格瑞认为女性就是男性购买、使用和交换的商品，并进一步指出女人作为商品从一个男人到另一个男人的交换，而且交换也不是一次完成，是在男人间的交易循环。在此基础上，伊丽格瑞探讨了

---

① Luce Irigaray, Trans. Kirsteen Anderson, *Democracy Begins Between Two*, London: The Athlone Press, 2000, pp. 156–164. 此处翻译根据文本需要略有删减。

马克思主义女性主义学者讨论的母亲职责、处女、妓女、代孕等社会问题,并对其进行了重新解释。

伊丽格瑞的思想不仅在西方引起强烈反响,在我国也逐渐地产生影响。伊丽格瑞的性别差异伦理学,尊重差异,尊重他者,对我们社会主义和谐社会的建设,具有重要的借鉴意义。国内有学者指出:"尊重性别差异前提下的和谐。和谐的理想状态应该是'和而不同'。'和'不是'同',因为'同'泯灭了事物的个性,也就无法达到'和'的境界。'不同'是实现'和'的条件,'和'就是两性间要达到和睦相处、共同发展的和谐状态。两性和谐并不是通过消除性别差异的方式来实现,而恰恰是在承认和尊重性别差异的前提下形成的。尊重性别差异并不是要强化性别差异,在追求两性和谐的过程中,男性和女性是谁也离不开谁的同路人,在一个两性共同拥有的社会中,只有尊重性别差异,发挥男女两性各自的长处,让男女两性有更大的自主空间去发展、发挥和贡献自己的所长,男女两性才能更好地互利、互补、互动,相互理解,相互支持,相互尊重,相互欣赏,携手共进,实现双赢。"[①] 同时,在这些学者看来,性别和谐同经济、阶级等和谐一样,也是构建社会主义和谐社会的条件之一。而两性关系,差异与和谐的研究对于和谐社会建设具有重要的意义。国内学者还有持相似的看法:"社会性别理论主张在肯定男女两性的生物学差异的基础上,强调他们在社会经济、政治、文化等因素的作用和建构下所体现出的社会特征和性别差异。这就为社会科学领域引入了新的研究维度和视角,即在已有的社会、文化、心理、政治和经济的坐标之外,又确立了性别视角。可以说社会性别视角是当今世界观察、思考、分析和评价社会现象的一个极其重要的思维方式,它深化了人类的自我认识,有利于人类社会的和谐发展和文明程度的提升。和谐社会是经济社会全面发展的社会,是把公平和正义作为核心价值取向的社会。由于性别和谐是社会和谐的基础,为此,从社会性别视角出

---

① 付翠莲:《两性和谐与构建社会主义和谐社会》,《理论学习》2007年第4期。

发,构建和谐社会必须从以下几个方面着手。"①

虽然国内对伊丽格瑞的理论尚未进行完全系统的研究,但她理论中最为核心、最为重要的"性别差异"观点,已经广为人知并深入人心,例如越来越多的学者开始关注"差异"问题,政府在制定各种方针政策时会考虑性别差异、种族差异、文化差异和地区差异等差异性。女性群体也开始对女性自身进行思考和反思,在这种性别差异视角的指引下参与社会实践活动。伊丽格瑞所倡导的自然观,强调"他者之爱"的基础上与自然和谐相处,这些观点对于我国可持续发展战略的自然观也具有借鉴意义。但是我们在对伊丽格瑞性别差异理论考察和借鉴的同时,一定要考虑中国社会的现实,考虑其理论在传播过程中的变化以及中国本土接受其理论的社会文化因素,这样才能使其理论更好地解决中国社会实践中的问题。

总体来说,伊丽格瑞的性别差异伦理学对国内外女性主义运动产生了重要的影响,甚至引起了某种社会变革。伊丽格瑞的理论贡献首先在于她使人类认识的思维从男性的"同一性"走向关注女性的"差异"。伊丽格瑞批判了以往哲学中男性的偏见和对女性的压迫,对女性身份进行了创造性的描述。她的性别差异伦理学提醒人们关注女性的差异,关注他者的差异,力图消除两性间的对立,男性和女性一起以一种双主体的形式,形成"同等之爱"的伦理学模式。伊丽格瑞的性别差异伦理学,也强调了对"他者"的关爱。因为我们都是存在着差异的主体,所以我们要以"同等之爱"去关爱"他者"。伊丽格瑞进一步明确和扩展了"他者"的概念。她认为"他者"也具有主体性,是有别于自我的另外一个主体。主体间是没有等级的,相互平等的。"他者"的范围不仅仅是女性,还包括社会中的其他弱者,还包括我们赖以生存的自然。因此伊丽格瑞性别差异伦理学的进一步深化,就是她的自然观。她把自然同样看作是具有主体性质的"他者",希望和大自然建立一种和谐发展的伦理关系。伊丽格瑞性别差异伦理

---

① 李霞:《从社会性别视角看构建和谐社会》,《理论前沿》2006年第9期。

学还具有重要的实践意义,对于我国和谐社会的建设也具有参考价值。和谐社会的核心是要实现人与人的和谐发展,男女两性的和谐是构成和谐社会的最根本的基础。建立起男女两性的和谐关系,才能够谈及人与自然、人与其他之间的和谐。伊丽格瑞性别差异伦理中所建构的正是一种两性主体相互关爱的理想状态,同时也是和谐社会建构的坚实基础。

结　语

　　伊丽格瑞是一位思想丰富的哲学家，她的理论不仅涉及哲学，还涉及诗学、古典文学、心理学、精神分析、语言学、社会学、政治学、法学和宗教等领域。伊丽格瑞也是一位多产的哲学家，她拥有大量的著述。伊丽格瑞还是一位积极参与女性主义运动的实践者，尽管她不属于任何一个政治团体，却积极地投身到女性主义实践运动中去，她的学术理论和行动都对法国女性主义运动产生积极的影响。伊丽格瑞的思想特征，可以用两个词来概括：批判和建立。她对于传统哲学中男性偏见进行激烈的批判，同时也在积极地建立了自己女性主义哲学理论。这在所有女性主义哲学家中是最难能可贵的特征。

一　批判中的言说

　　伊丽格瑞首先批判了弗洛伊德的理论。虽然是弗洛伊德第一次运用精神分析的方法开始谈论女性的性征，但他带有男性偏见的思想却受到伊丽格瑞的批评。其中最具有代表性、也是最集中的批判体现在伊丽格瑞博士学位论文《他者女性的窥镜》中。该书也是伊丽格瑞一举成名的代表作，在这部著作中伊丽格瑞用了三分之一的篇幅批判弗洛伊德的理论。她批判弗洛伊德关于女性气质形成过程中所要经历的两个阶段，指出弗洛伊德的"阳具嫉妒"和"阉割情结"理论是男性以自己的感觉对女性的一种猜测和推论，意图是确立由男性来评价女性的价值判断标准。伊丽格瑞也对弗洛伊德的"恋父情结"提出六点质疑。在她看来，弗洛伊德的这些论述都是从他的男性体验中得出的，女性的身体只是男性的镜子，反映的是男性对女性的需求和价值判断。弗洛伊德的论述从来没有真正意义上探讨女性，解释和发现女性。弗洛伊德这种简单的生物决定论和性别本质主义理论，是以单一的男性模式来解释不同主体形式的思维模式，使女性特质的再现总要依赖其男性特质的缺失，而女性的缺失使她陷于被阉割的境地，因此女性在弗洛伊德那里成了次等的男性，沦为被动的欲望客体。伊丽格瑞认为，这就是阳具中心主义的根本宗旨所在，是男性社会文化和法律制度剥削女性的根源，从而也最终确立起男性在父权社会里的终极话语权。

伊丽格瑞并不那么犀利地批判拉康，这或许是因为拉康是伊丽格瑞的老师。虽然在其文章中，伊丽格瑞也援引拉康的观点进行批判，但是都没有直接地、明显地指明。伊丽格瑞的批判每每都是在援引拉康的某个观点之后，再对该观点进行分析论述，例如在《非"一"之性》的第五章中，伊丽格瑞在援引拉康观点之后评论说，这种论述清楚表明女性是处于被排除的位置。但这是男性的论述，因为这是他们提出的法则。伊丽格瑞认为，拉康的理论中阳具中心主义的障碍，阻碍了他的理论被称为更合适的理论，"他者"的地位也停留在被构造好的状态。伊丽格瑞还指出拉康并没有真正意义上关注女性的性，她认为应该对"身体"和主体感觉的"快感"进行女性主义的重新定义。拉康所说的"真实界"里的女性快感，无形中把女性推到了一种神秘主义，一种不可言说、不可认知的境地。伊丽格瑞强调，拉康语言系统中超验的"阳具能指"仍然是和阴茎有着密切关系的，它是由男性阴茎抽象而来的概念。尽管拉康指出，在男性创造的语言系统中，女性是不存在的，是不可言说的，但拉康并无打破这种系统的意图，仍旧在这个男性的语言系统中言说着。

虽然伊丽格瑞的思想也受到了波伏娃的影响，但在伊丽格瑞自己看来，她并没有受到波伏娃的启发，甚至伊丽格瑞在《他者的问题》一文中，大段地讲述了自己和波伏娃的区别，并且在批判波伏娃"他者"定义局限性的同时，更加明确了自己的"他者"概念。

第一，波伏娃指出女性是被"造就"的。波伏娃认为是社会逐步造就了女性，"女性并不是生就的，而宁可说是逐渐形成的"。波伏娃的这一论断彻底告别了本质主义的观念,认为女性并不是生来就是女性的,女性不是因为生理的差异而具有的各种女性气质,而是在社会化的过程中逐渐被"造就"的。这一社会化的过程,成为女性气质形成的主要原因,也是女性从小时候发展和被培养出来的性别特征。伊丽格瑞却从女性的生物性别特征出发,指出女性的性征以"阴唇"为代表特征,既不是一,也不是二,是一种集合体、和谐体与开放体。这也因此成为后人总是怀疑其带有本质主义特征的原因之一。

第二,伊丽格瑞和波伏娃最大的不同集中于对"他者"概念的分析。伊丽格瑞认为,女性主义所追求的"他者"不应该仅仅指与男性相对的另外一种性别(第二性),而是以外的一种人(女性)。她认为波伏娃的理论只是要求我们去寻找和争取与男性相同的东西:地位、权力、话语等,而这种简单化的等同只会使女性逐渐趋同于男性,成为和男性一样的女性,从而失去女性所固有的性质和特征。伊丽格瑞看到,这些对于男性的趋同是因为波伏娃仍旧处在男性"同一性"思维模式之中。在这种"同一性"思维中,只有一个单一的主体(男性),波伏娃希望女性同男性一样,具有这种主体的性质。而伊丽格瑞则试图摆脱这种单一的思维模式,她建立起自己关于他者的性别差异伦理学。然而不管伊丽格瑞自己是否承认,我们都能看到波伏娃对伊丽格瑞的影响以及伊丽格瑞对波伏娃的继承发展。总体表现在以下三个方面:第一,女性的他者地位。波伏娃认为女性是被社会造就成女性的,具有社会上第二性的特征,是次等的,受压迫的。伊丽格瑞认为女性应该具有自己的主体性特征即"非一"的特征,而绝不仅仅是男人的镜子或是相反面。第二,女性的商品属性。波伏娃强调了女人对于男人具有使用价值,是男人的附属品。她是男人的一种娱乐、一种次要的礼物。伊丽格瑞更加强调了女人在男人中作为商品的交换属性。她认为女人的身体作为使用价值在男人间相互交换,并没有真正地把女人作为个人主体来看待。第三,对男人两性关系的定位。波伏娃力图建立一种男女两性完全平等的社会,在这种社会中女人不再依附于男人。而伊丽格瑞用她们独特的伦理学为男女两性找到了一种"两性之爱"的相处模式。因此,从整个法国女性主义运动发展过程来看，伊丽格瑞对于女性自身的解读，对于女性伦理的建立，对于女性解放所做的贡献，可以在真正意义上说是"波伏娃的唯一继承者"。

伊丽格瑞揭露批判传统哲学中的性别偏见。在《他者女性的窥镜》一书中，作为"凹透镜"中间部分的哲学史部分，伊丽格瑞对传统哲学的批判从柏拉图开始到黑格尔为止。被她批判的哲学家包括柏拉图、亚里士多德、笛卡儿、康德、黑格尔等人。她把批判的重心放在柏拉图的"洞穴"比喻方面，批判柏拉图"洞穴"比喻中对女性的遗忘。伊丽格瑞指出把子宫比喻成墙壁，就是把女性当作一种客体来看待，因为这个墙壁根本就不分有理念。而这个代表这一切来源的最高统一的"理念"也是男性创造的，和女性毫无关系的。对通道的遗忘，就好像是对女性阴道的遗忘，柏拉图根本就体会不到女性生育过程中孩子从子宫经过阴道给女性带来的痛苦。不过对于柏拉图的思想，伊丽格瑞有批判也有继承。柏拉图《会饮篇》中狄奥提玛关于"爱"的论述，伊丽格瑞就大加赞同，并对其进一步发展，认为"爱"是一个对立双方的中间状态：富有/贫穷、无知/智慧、丑陋/美丽、肮脏/整洁、死亡/生命等等。爱是一位哲学家和一个哲理。哲学是对爱的追寻，对美的爱，对智慧的爱，智慧是最美的事物之一。爱是不可缺少的媒介，以天使的形式朝向美和善。"爱"是建立男女两性和谐关系的最佳方式。

二 创建中的言说

对于女性主义哲学来讲，最困难的不是怎样去解构和批判传统哲学中男性的偏见，而是在摧毁这座形而上学的大厦之后，怎样在这座废墟之上建立女性哲学。伊丽格瑞却成功地做到了这一点，这也是她的理论受到广泛关注的原因之一。如果说《他者女性的窥镜》是"破"的话，那么《非"一"之性》和《性别差异的伦理》就应该算是"立"了。在《非"一"之性》中，伊丽格瑞用自己对女性身体的独特体验，对女性性征进行第一次真正意义上的描述。她认为女性可以内在地直接触摸自己，无须任何媒介，因为她的性器官是由相互接触的阴唇组成的。因此，在她的自身内部，她就已经是"二"而不是"一"，是相互关爱的。这是伊丽格瑞对女性性征做出的创造性的解释。在她看来，女性之性是多重的、复杂的。女性快感的分布也是杂乱的。因此女性对什么都没有欲望，与此同时对什么都有欲望。在伊丽格瑞对女性性征定义的过程中，表现出以下几个特点：其一，女性的性征是存在的，她不是男性阳具的欠缺或萎缩，不是非"一"之性。其二，女性的性征是复数的，是多元的、复杂的，既不是"一"也不是"二"，女性的快感也是多元的。其三，女性性征"阴唇"和"黏液"两个概念的比喻，"阴唇"概念代替了弗洛伊德的"阳具"，也是女性生理特征中特有的一面。而"黏液"概念也是十分重要，而在以往的哲学中常常被忽视。《非"一"之性》是伊丽格瑞对女性身份本体的寻找，是她建立女性主义伦理学的本体论基础。虽然她对于女性性征的描述带有"本质论"的色彩，也引起了很大的争议，但这是女性哲学家对于女性自身身份本质的寻找，是一种本体论意义上的寻找，对于女性主义哲学的建立具有奠基作用。

伊丽格瑞早期的作品中，对于伦理学体系的建立主要体现在她的《性别差异的伦理学》一书中。在这之后，伊丽格瑞还发表了一系列的著作和世界性的巡回讲演，包括《我、你、我们：走向一种差异的文化》《民主始于二者间》《我对你的爱》《二人行》《东西方之间：从单一走向合作》。这一系列著作和演讲稿不仅具体细化了伊丽格瑞性别差异伦理学，也进一步深化和发展了她的理论。伊丽格瑞的思想并没有停滞，她不断地阅读、思考、创造……当然她思想的主旋律是没有改变的，她一直坚持着主体是有差异性的，它是"双"的，如同女性"阴唇"的关系一样。这种关系是"两者"的关系，是双主体的，不同于西方传统哲学中的"同一性"。两性主体之间是不可替代的两者，没有等级制度的关系，因为他们拥有着共同的目标：在尊重相互差异的前提下，繁衍人类物种和发展人类文化，这是伊丽格瑞性别差异伦理思想的核心部分，她希望人类能够处理好两性之间的关系，自我与"他者"的关系，也希望人类可以处理好人与自然、人与其他物种之间的关系。伊丽格瑞进一步发展了"他者"的概念，她认为千百年的哲学传统关于"主体"这个概念只有一个模式——只有一个主体,相对于这一主体来说,所有其他事物都是客体,而且从来没有人对该观点产生过任何怀疑。伊丽格瑞的主体概念也开始具有社会性,开始承认不同于自我的其他身份主体的存在。伊丽格瑞的"差异"并不代表不可调和,也不代表分离,它是一种尊重他者、承认生物多样性的伦理,它是另外一种男性与女性,人类与世界的交往关系。只有自我和他者都处在这种和谐平等的伦理关系当中时,我们才有可能重新建立一个文明的世界。这一文明世界才会更加真实,更加正义和更具有普遍性。

三 质疑和困难

伊丽格瑞理论可以说是在质疑声中被普遍化的。她的博士学位论文《他者女性的窥镜》尚未发表就遭到拉康等人的批判,被驱逐出由拉康主持的"弗洛伊德精神分析学派",也使伊丽格瑞失去了在大学里的教职。这些给她的事业带来毁灭性的打击,但也正是由于这次挫折,使她成为该行业中特立独行的理论家,也清楚地印证了该书的女性主义价值。此后,她的理论引起了广泛的批判。自1981年起,两篇批判伊丽格瑞《他者女性的窥镜》的文章分别发表在 Signs 和 Feminist Studies 杂志上(克里斯蒂娜的《女神之光,或法国女性主义学术危机》和卡罗琳·伯克的《伊丽格瑞的透视镜》)。在这之后,对伊丽格瑞的批判接踵而来,络绎不绝。对于伊丽格瑞的批判,这些批评主要来自两个方面:一是唯物主义者认为她的理论缺乏实践的指导意义;二是一些学者认为伊丽格瑞的理论带有本质主义的特征。她的差异理论,也是一种基于生理差异而建立起来的本质论。唯物主义者的批判认为,女性受压迫的地位不是纯粹意识形态的问题。在伊丽格瑞的理论中没有提及和分析女性受压迫的物质状况。伊丽格瑞没有考虑到女性受压迫的历史背景和物质状况,她提出的关于女性的定义仅仅是形而上学意义上的。然而这些批判的声音,随着伊丽格瑞一系列有关政治和伦理的主张的提出而不攻自破了。

对于认为伊丽格瑞的性别差异理论带有本质主义特征的批判,来势最为凶猛,持续的时间也较为漫长。例如:"伊丽格瑞的'双唇'概念游离于比喻义和指称义之间,虽然她对于拉康所说的'阳具'构成了挑战,但是它跟'阳具'一样,在声称自己并不指称生殖器官的同时,却仍然同生殖器官息息相关,因此,'阴唇'这个概念同样具有危险的本质主义倾向。"① 还有"我认为伊丽格瑞的阴唇讽刺性的代表了拉康的阳具"②。

伊丽格瑞的思想传入美国时,也遇到了不小的挑战。20世纪80年代的一位美国男性学者,在研究伊丽格瑞的思想之后认为,美国学者理解伊丽格瑞思想有两个"困难",并且认为他对伊丽格瑞的如下评价是"描述性而非判断性"的:"在另一种意义上说,伊丽格瑞的思想是有'困难'的是因为,她所改变的是一种不朽的惯例。在有形的世界中,比如对女性的社会和经济方面的歧视就已经很让人沮丧了。但她还是积极地朝向抽象和无形的论述中最基本的实体并且控制每一个论述,甚至包括那些强烈反对她的论述。在另一个意义上说,伊丽格瑞的'困难'是很难和盛行的美国女性主义者结盟,比如和凯特·米莉特的争辩。米莉特的行为运动包括对淫秽音响视频的清扫和社会政策的革命,很少有和伊丽格瑞理论相同的地方。"③ 这篇文章真实地反映了伊丽格瑞理论进入美国后受到的质疑和困难。以往的女性主义理论都是侧重于社会行为方面的,揭露女性在社会各个领域所受到的不平等待遇,号召女性联合起来为争取女性平等的生活、就业、教育和政治等权力。美国的女性主义便是如此,而伊丽格瑞的理论则侧重于形而上学领域的构建,侧重于对以往传统哲学的批判和女性主义身份本身的寻找和女性主义伦理学的构建,让人读起来感觉像是形而上学的空谈,和女性主义运动没有什么紧密的联系,女性的地位和

---

① Berg, Maggie, eds. Gary Wihl and David Williams, Escaping the Cave: Luce Irigaray and Her Feminist Critics, *Literature and Ethics*, Toronto: Toronto University Press, 1988, pp. 50-70.

② Berg, Maggie, *Luce Irigaray's "Contradictions": Poststructalism and Feminism*, Signs: Journal of Women in Culture and Society, 1991 (17), p. 71.

③ Robert de Beaugrande, *In Search of Feminist Discourse: The "Difficult" Case of Luce Irigaray*, College English, Vol. 50, No. 3, 1988, p. 259.

权力也不能因此而得到直接的改善,等等。所以伊丽格瑞的理论会遭到唯物主义者的批判。关于伊丽格瑞理论本质主义的批判,也并非无中生有。伊丽格瑞性别差异理论的基础,表面上看确实像弗洛伊德的精神分析那样,从两性的生理结构出发的。而且伊丽格瑞的所有理论都是关于这种基于生理差异形成心理、社会和文化上的差异。在对于女性性征的描述时,伊丽格瑞同弗洛伊德一样提出了女性"阴唇"概念,而这个"阴唇"和弗洛伊德的"阳具"存在某种对称的效果。但是这些质疑,随着对伊丽格瑞理论的进一步研究变得清晰明了。

因为所有社会科学的发展,当它发展到一定阶段并需要思考其起源和未来的时候,都有进行哲学层面的思考。伊丽格瑞的理论正是从这种最基础的哲学层面,揭开女性受压迫、受剥削的根源。研究伊丽格瑞理论的专家玛格丽特·惠特福德刚开始时有类似的观点,她认为伊丽格瑞有时确实模糊了社会和生物学的区别,带有本质主义倾向。但很快她就有了新的观点:"在男性中心的文化中,处于被压迫地位的女性若要挑战父权文化,建构真正的女性身份并发展一种女性得以平等表现的文化,女性必须首先要建立并巩固自身独特的属性。"①

直到斯皮瓦克提出"策略本质主义"②一词以后,关于伊丽格瑞本质主义倾向的说法才渐渐地平息。如下的这些评价才不断地出现:这明显是在一种特殊的历史和文化环境下采用的手段。……伊丽格瑞提出的关于女性性征的这一概念,表面看来具有本质主义倾向,但在策略上颠覆和置换了拉康的阳具形态。③

---

① Margaret Whitford, eds. Burk, Carolyn. Schorand, Naomi. Whitford, Margaret, *Reading Irigaray in the Nineties. Engaging With Irigaray*, New York: Columbia University Press, 1994, p. 16.

② 斯皮瓦克提出策略本质主义的理论,指出尽管并不存在普遍的女性本质,要尊重不同女性群体之间在经济、文化等方面的差异,但是在争取政治权益时可以利用"女性"这一概念来团结所有女性。策略本质主义者实际上是反本质主义的,但把本质主义当成在具体情境下为了达到斗争目的而采用的策略。具体请参见李平《策略本质主义评述——后现代女性的"阿里阿德涅之线"》,《中国人民大学学报》2008年第1期。

③ Margaret Whitford, Luce Irigaray and the female imaginary: Speaking as a woman, *Radical Philosophy*, 43 (Summer), pp. 3-8.

四 同时代女性哲学家之间的相互影响

与伊丽格瑞同时代的法国女性主义哲学家朱迪斯·巴特勒和茱莉亚·克里斯蒂娃之间也存在着不约而同。巴特勒是美国当代享誉盛名的后结构主义哲学家，她的学术思想和伊丽格瑞一样受到后现代思想的影响，对身体、性别理论以及伦理学都有所论及。

巴特勒赞同伊丽格瑞关于身体的概念，她们都认为身体不仅仅是一个生理存在物，身体和关于性别特质的界定和区分，都是带有父权文化价值判断的，不同性别的人按照不同的社会规范和文化习俗从事性别行为。但在巴特勒看来，性别差异绝不是本质化的自然存在，而是"不具有事实的和结构的形式，但却能促进对女性主义的思考"①。伊丽格瑞认为，女性具有自然的身体和具有交换价值的社会的身体。女性作为商品是为体现男性价值而存在的一面反射镜。在论述身体的社会性时，她毫不避讳身体的生物属性，而巴特勒则更加强调身体的物质性是社会文化建构的过程，也就是身体的物质性。正是由于这一分歧，使他们关于性别差异观上本质的不同。伊丽格瑞相信男性两性身体的物质性有天然的差异，性别差异是身体的自然特征。这也就是说，我们在言说之外存在自然差异，然而巴特勒则认为性别差异在根本上是话语建构的产物，因而它是文化产品，而非自然存在。

巴特勒的伦理建构是基于非暴力的："我们可能受到伤害，别人可能受到伤害，我们可能在别人的冲动下遭遇死亡，所有这些都是导致恐惧和悲伤的原因。然而不那么确定的是，脆弱和丧失的经验是否一定要直接引发军事暴力和惩罚。应该还有其他别的渠道。如果我们感兴趣的是终止暴利的循环，从而产生不那么暴力的后果，那么除了战争，悲伤在政治上是如何形成的？"② 巴特勒以非暴力伦理来反对战争，这和伊丽格瑞也是不尽相同的，这更是一种外在的手段形式，而

---

① Judith Butler, Undoing Gender, New York: Routledge, 2004, p. 176.
② Judith Butler, *Precarious Life: The Powers of Mourning and Violence*, London, New York: Verso, 2004.

伊丽格瑞关于"爱"的性别伦理是需要人们内心深处的深度修炼。

克里斯蒂娃是同时代的保加利亚籍女性哲学家，和伊丽格瑞相似，她也从心理学入手，采用精神分析手法对拉康的理论进行改造。她认为，象征秩序是建立意义的秩序，或者说象征秩序对应着有意义的社会领域。在这个象征秩序里有两个必要要素，一是符号要素，二是象征要素。克里斯蒂娃认为就是因为这两个要素相互间不能相互对应，才导致了女性的压迫。女性要想得到解放，就必须要打破两个要素之间的障碍，建立一个母性的、符号的、前俄狄浦斯的领域，换句话说就是要打破现有句法和语法的限制，建立一个能够在男性与女性、混乱与秩序、革命与现状之间自由对应的社会。与伊丽格瑞不同，克里斯蒂娃否定把"女性气质"和"男性气质"与生物学上的性别相联系。她认为，当儿童进入象征秩序时，他（她）既可以选择认同母亲，也可以选择认同父亲。这样，儿童可以选择"男性气质"和"女性气质"。与伊丽格瑞的另一不同点表现在，克里斯蒂娃否定"女人"这个概念。她认为"女人"这个概念在哲学本体论上是没有任何意义的，只是人们借助"女人"这个概念指代政治实践层面上缺失的那部分人。克里斯蒂娃反对定义女人，因为她认为一旦定义女性，就会开始排斥所有未被定义的人群了。西苏、克里斯蒂娃、伊丽格瑞在母亲职责方面的讨论中也颇有认同感，她们都认为母亲和孩子之间有天然的联系和影响。克里斯蒂娃认为母亲的力量具有生命的力量，伊丽格瑞倡导女性的言说方式以及西苏主张的女性书写等等，都认为女性存在有其独特的意义。

伊丽格瑞的理论又有其独特的魅力和亮点，她的理论包含了各种哲学维度：精神分析、语言学、伦理学、政治学和传统哲学，从这些方面试图去寻找和定义女性。她关于女性性征的描述，创造性的从女性自身层面来寻找女性理论的本体论基础。她从两性生理差异的层面出发，建立起她关于性别差异的理论。伊丽格瑞在女性主义语言学理论中，利用"戏拟"的方式批判以外哲学中男性的偏见。她希望建立一种女性的语言——"女人腔"，希望女性能够摆脱男性话语模式来表达自身独特的身体体验和伦理情怀。伊丽格瑞性别差异的伦理学，希望我们能够尊重两性差异，尊重"他者"，建立一种"双"主体模式的伦理关系，为了人类的繁衍和人类文明的发展共同努力。伊丽格瑞的政治主张，虽然并不关心权力问题，但她试图建立一种既着眼于世界，又关注本土运动的新型关系。她深刻地提醒女性主义运动者，不要单纯地进行政治和社会的实践斗争而忘记了女性最根本的"身份"。我们并不是简单地争取和男性同等的权力和地位，那样只会使女性运动朝向另一种"阳具中心主义"。伊丽格瑞对于传统哲学的批判可以说是淋漓尽致，她揭示出传统哲学中女性的沉默和受压迫地位，批判男性思维模式下的二元对立模式，从女性的视角重新阅读了传统的形而上学，这为哲学的发展和形而上学思考，提供了新的视角和思维模式。

参考文献

英文著作及文献：

Apter, Emily S., The Story of I: Luce Irigaray's Theoretical Masochism.NWSA Journal, Vol.2, No.2 (Spring, 1990).

Aristotle, 1963.Generation of Animals.Trans.A.L.Peck, Cambridge: Harvard University Press.

Armour, Ellen T., 1999.Deconstruction, Feminist Theology, and the Problem of Difference: Subverting, Chicago: University of Chicago Press.

Berg, Maggie, 1988.Escaping the Cave: Luce Irigaray and Her Feminist Critics.Literature and Ethics.eds.Gary Wihl and David Williams, Toronto: Toronto University Press.

Berg, Maggie, Luce Irigaray's "Contradictions": Poststructalism and Feminism, Signs: Journal of Women in Culture and Society, 1991 (17).

Briganti, Chiara.Con Davis, Robert, "Luce Irigaray", http://www.press.jhu.edu/book/hopkins_ guide_ to_ literary_ theory/Luce Irigaray.html, n.p.

Burke, Carolyn, Introduction to Luce Irigaray's "When Our Lips Speak Together".Signs, Vol.6, No.1, Women: Sex and Sexuality, Part 2 (Autumn, 1980).

Burke, Carolyn, Irigaray Through the Looking Glass.Feminist Studies, 1981, 7 (2).

Burke, Carolyn. Schor, Naomi. Whitford, Margaret. 1994. Engaging with Irigaray: Feminist Philosophy and Modern European Thought, New York: Columbia University Press.

Butler, Judith, Gender Trouble, New York; London: Routledge, 1999.

Caldwell, Anne, Transforming Sacrifice: Irigaray and the Politics of Sexual Difference.Hypatia, Vol.17, No.4 (Autumn, 2002).

Cecilia S. Joholm, Crossing Lovers: Luce Irigaray's Elemental Passions.Hypatia, 15.3 (Summer, 2000).

Chanter, Tina.1996.Ethics of Eros: Irigaray's re-writing of the philosophers, New York; London: Routledge.

Cimitile, Maria.Miller, Elaine P.Returning to Irigaray: Feminist Philosophy, Politics, and the Question of Unity.Albany, New York: State University of New York Press, 2007.

Colebrook, Claire, Feminist Philosophy and the Philosophy of Feminism: Irigaray and the History of Western Metaphysics. Hypatia, Vol.12, No.1 (Winter, 1997).

Davidson, Joyce.Smith, Mick.Wittgenstein and Irigaray: Gender and Philosophy in a Language (Game) of Difference.Hypatia, Vol.14, No.2 (Spring, 1999).

Descartes, René. 1995. The Passions of the Soul. The Philosophical Works of Descartes. Trans. E. S. Haldance. T. Ross. Cambridge University Press, Reprinted, Dover.

Deutscher, Penelope. A politics of impossible difference: the Later Work of Luce Irigaray.Ithaca, New York: Cornell University Press, 2002.

Deutscher, Penelope. Review: I Love to You: Sketch for a Felicity within History by Luce Irigaray. Hypatia, Blackwell Publishing, 1998 (13).

Deutscher, Penelope. The Only Diabolical Thing about Women…: Luce Irigaray on Divinity.Hypatia, Vol.9, No.4, Feminist Philosophy of Religion (Autumn, 1994).

Diana, J.Fuss, Essentially Speaking: Luce Irigaray's Language of Essence. Hypatia. Vol. 3, No. 3, French Feminist Philosophy (Winter, 1989).

Fauré, Christine, The Twilight of the Goddessess or the Intellctual Crisis of French Feminism.Signs, 7 (1), 1981.

Feder, Ellen K.Rawlinson, Mary C.Zakin, Emily.1997.Derrida and Feminism: Recasting the Question of Woman, New York; London: Routledge.

Firestone, Shulamith. 2003. Dialectic of Sex: The Case for Feminist Revolution.Farrar, Straus and Giroux.

Freud, Sigmund. 1964. Femininity. The Standard Edition of the Complete Psychological Works of Sigmund Freud, Vol. xxii. London: The Hogarth Press.

Fricker, Miranda. Hornsby, Jennifer. 2002. ed. Feminism in Philosophy, New York: Continuum.

Gallop, Jane.Quand nos Lèvres s'écrivent: Irigaray's Body Politic.Romanic Review 74 (1).

Garry, Ann. Pearsall, Marilyn. 1992. Women, Knowledge, and Reality, New York; London: Routledge.

Genoves-Fox, Elizabeth. 1994. Difference, Diversity and Divisions in an Agenda for the Women's Movement.Colour, Class, and Country: Experience of Gender. eds. Young, Gay. Dickerson, Bette J, London: Zed Books.

Grosz, Elizabeth.1986.Irigaray and the Divine.Sydney: Local Consumption Occasional Paper 9.

Grosz, Elizabeth. Derrida, Irigaray and Deconstruction. Intervention 20, 1986.

Harcourt, Wendy.1994.Feminism, Body, Self: Third – Generation-Feminism.Psychoanalys, Feminism, and the Future of Gender. eds. Joseph H.Smith.Afaf M.Mahfouz.Baltimore, The John Hopkins University Press.

Hendricks, Christina. Oliver, Kelly. 1999. Language and liberation: feminism, philosophy, and language, Albany: State University of New York Press.

Hirsh Gary A. Olson Gaëton Brulotte, Elizabeth. "Je-Luce Irigaray": A Meeting with Luce Irigaray. Hypatia, Vol.10, No.2 (Spring, 1995).

Hollywood, Amy. Beauvoir, Irigaray, and the Mystical, Hypatia, Vol.9, No.4, Feminist Philosophy of Religion (Autumn, 1994).

Hollywood, Amy. Deconstructing Belief: Irigaray and the Philosophy of Religion. The Journal of Religion, Vol.78, No.2 (Apr., 1998).

Huffer, Lynne. Pasts, Maternal. 1998. Feminist Futures: Nostalgia, Ethics, and the Question of Difference, Stanford, CA: Stanford University Press.

Huntington, Patricia J. 1998. Ecstatic subjects, utopia, and recognition: Kristeva, Heidegger, Irigaray, SUNY Press.

Ince, Kate. Questions to Luce Irigaray. Hypatia, Vol. 11, No. 2 (Spring, 1996).

Luce Irigaray " 'Je-Luce Irigaray': A Meeting with Luce Irigaray", Interview with Elizabeth Hirsh and Gary A. Olson, trans. Elizabeth Hirsh and Gaëton Brulotte, Hypatia, 10.2 (Spring 1995).

Luce Irigaray "And the One Doesn't Stir without the Other." Trans. Hélène Vivienne Wenzel. Signs: Journal of Women in Culture and Society 7. 1, 1981.

Luce Irigaray "Je-Luce Irigaray": A Meeting with Luce Irigaray, Interview with Elizabeth Hirsh and Gary A. Olson. Trans. Elizabeth Hirsh and Ga. Ton Brulotte. Hypatia 10.2 (Spring 1995).

Luce Irigaray 1985a. Speculum of the Other Woman. Trans. Gillian C. Gill. Ithaca, N.Y.: Cornell University Press.

Luce Irigaray 1985b. This Sex Which Is Not One. Trans. Catherine Porter and Carolyn Burke. Ithaca, N.Y.: Cornell University Press.

Luce Irigaray Gillian C. Gill. 1991. Marine Lover of Friedrich Nietzsche.

New York: Columbia University Press.

Luce Irigaray1991. Equal or Different?. The Irigaray Reader. Ed. Margaret Whitford. Trans. David Macey. Cambridge, Mass.: Blackwell Publishers.

Luce Irigaray1992. Elemental passions. Trans. Joanne Collie and Tudith Still, New York; London: Routledge.

Luce Irigaray1993. An Ethics of Sexual Difference. Trans. Carolyn Burke and Gillian C. Gill. London: The Athlone Press.

Luce Irigaray1993b. Je, Tu, Nous: Toward a Culture of Difference, Trans. Alison Martin, Ithaca, New York: Routledge.

Luce Irigaray1993c. Sexes and Genealogies, Trans. Gillian C. Gill, New York: Columbia University Press.

Luce Irigaray1994. Thinking the Difference. Trans. Karin Montin, London: The Athlone Press.

Luce Irigaray1996. I Love to You: Sketch for a Felicity Within History. Trans. Alison Martin, New York: Routledge.

Luce Irigaray1999. The forgetting of air in Martin Heidegger. Trans. Mary Beth Mader, University of Texas Press.

Luce Irigaray2000. Democracy Begins Between Two. Trans. Kirsteen Anderson, London: The Athlone Press.

Luce Irigaray2002. Between East and West: From Singularity to Community, Trans. Stephen Pluháček, New York: Continuum.

Luce Irigaray2002. ed. Luce Irigaray: key Writings, London; New York: Continuum.

Luce Irigaray2002. The Way of Love. Trans. Heidi Bostic and Stephen Pluháček. London; New York: Continuum.

Luce Irigaray2002. To Speak is Never Neutral. Trans. Gail Schwab, New York; London: Routledge.

Luce Irigaray2004. Esther Marion, What Other Are We Talking About?. Yale French Studies. No. 104.

Ives, Kelly.2008.Luce Irigaray: Lips, Kissing and the Politics of Sexual Difference.Crescent Moon Publishing.

Krier, Theresa M.Harvey, Elizabeth D.2004.Luce Irigaray and pre-modern culture: thresholds of history, New York; London: Routledge.

Kristeva, Julia.1993.Powers of Horror An Essay on Abjection.Trans. Leon S.Roudiez, New York: Columbia University Press.

Lacan, Jacques.2005.The Signification of the Phallus.in Écrits: A Selection.Trans.Bruce Fink, New York: W.W.Norton & Company.

Lechte, John. "LuceIrigaray", http: //www.envf.port.ac.uk/illustration/images/vlsh/psycholo/irigaray.htm, n.p.

Levinas, Emmanuel.1978.Existence and Existents.Trans.Alphonso Lingis, The Hague: Martinus Nijhoff.

Levinas, Emmanuel.1979.Totality and Infinity: An Essay onExteriority.Trans.Alphonso Lingis, The Hague: Martinus Nijhoff.

Levinas, Emmanuel.1987.Time and the Other.Trans.Richard Cohen, Pittsburgh: Duquesne University Press.

Lorraine, Tamsin E.1999.Irigaray & Deleuze: Experiments in Visceral Philosophy.Cornell University Press.

Martin, Alison, A European Initiative: Irigaray, Marx, and Citizenship, Hypatia, Vol.19, No.3 (Summer, 2004).

Moi, Toril.1985.Sexual/Textual Politics: Feminist Literaray Theory.London; New York: Methuen.

Ping, Xu, Irigaray's Mimicry and the Problem of Essentialism. Hypatia, Vol.10, No.4 (Autumn, 1995).

Plaza, Monique.1978. 'Phallomorphic Power' and the Psychology of 'Woman'.Ideology and Consciousness, 4, Autumn.

Robert de Beaugrande, In Search of Feminist Discourse: The 'Difficult' Case of Luce Irigaray.College English, 1988, Vol.50, No.3.

Rubin, Gayle.1975.The Traffic in Women.Toward an Anthropology of Women, New York: Monthly Review Press.

Schor, Naomi. 1994. Previous Engagements: The Receptions of Irigaray.Engaging with Irigaray: Feminist Philosophy and Modern European Thought. eds. Carolyn Burke, Naomi Schor and Margaret Whitford. New York: Columbia University Press.

Schutte, Ofelia.Irigaray on the Problem of Subjectivity.Hypatia, Vol. 6, No.2 (Summer, 1991).

Showalter, Elaine, Feminist Criticism in the Wildness In Writing and Sexual Difference. ed. Elizabeth Abel, Chicago: The University of Chicago Press.

Silverman, Hugh J. 2000. Philosophy and Desire, New York; London: Routledge.

Simone de Beauboir.1972.The Second Sex.Trans.H.M.Parshley, Harmondswordth: Penguin Books Ltd.

Spivak, Gayatri, Chakravorty. 1981. French Feminism in an International fram.Yale French Studies (62).

Stone, Alison.2006.Luce Irigaray and the Philosophy of Sexual Difference, London: Cambridge University Press.

Stone, Alison, The sex of Nature: A Reinterpretation of Irigaray's Metaphysics and Political Thought.Hypatia, 2003 (18).

Thomas, Lyn.Webb, Emma, Writing from Experience: The Place of the Personal in French Feminist Writing.Feminist Review, No.61, Snakes and Ladders: Reviewing Feminisms at Century's End (Spring, 1999).

Vasseleu, Cathryn. 1998. Textures of light: Vision and Touch in Irigaray.Levinas and Merleau-Ponty, London: Routledge.

Weir, Allison. 1996. Sacrificial logics: Feminist Theory and the Critique of Identity, New York; London: Routledge.

Whitford, Margaret.1991.ed.The Irigaray Reader, London: Cambridge, Basil Blackwell.

Whitford, Margaret.1991b.Irigaray's Body Symbolic.Hypatia 6.3, Autumn 1991.

Whitford, Margaret.1991c.Luce Irigaray：Philosophy in the Feminine, London：Rputledge.

Whitford, Margaret, Luce Irigaray and the female imaginary：Speaking as a Woman, Radical Philosophy, 43（Summer）.

Whitford, Margaret. 1994. Reading Irigaray in the Nineties. Engaging With Irigaray. eds. Burk, Carolyn. Schorand, Naomi. Whitford, Margaret. New York：Columbia University Press.

Zinn, Maxine.Bonnie Thornton Dill, Theorizing Difference from Multiracial Feminism.Feminist Studies, 22（2）, （Summer, 1996）.

中文著作及文献：

[德] 恩格斯：《家庭、所有制和国家的起源》，人民出版社1972年版。

[德]《马克思恩格斯全集》第42卷，人民出版社1979年版。

[德]《马克思恩格斯全集》第5卷，人民出版社2009年版。

[法] 笛卡儿：《笛卡儿思辨哲学》，尚新建等译，九州出版社2004年版。

[法] 露丝·伊丽格瑞：《二人行》，朱晓洁译，生活·读书·新知三联书店2003年版。

[法] 萨利·J.肖尔茨：《波伏娃》，波伏娃、龚晓京译，中华书局、汤姆森学习出版集团2002年版。

[法] 西蒙·波伏娃：《第二性》，陶铁柱译，中国书籍出版社1998年版。

[古希腊] 柏拉图：《柏拉图全集》，王晓朝译，人民出版社2003年版。

[古希腊] 亚里士多德：《物理学》，张竹明译，商务印书馆1982年版。

[荷] 斯宾诺莎：《伦理学》，贺麟译，商务印书馆2009年版。

[加拿大] 巴巴拉阿内尔：《政治学与女性主义》，郭夏娟译，东方出版社2005年版。

[美]彼得·盖伊:《弗洛伊德传》(下),龚卓军、高志仁、梁永安译,鹭江出版社2006年版。

[美]卡罗尔·吉利根:《不同的声音》,肖巍译,中央编译出版社1999年版。

[美]凯瑟琳·A.麦金农:《迈向女性主义的国家理论》,曲广娣译,中国政法大学出版社2007年版。

[美]罗斯玛丽·帕特南·童:《女性主义思潮导论》,艾晓明等译,华中师范大学出版社2002年版。

[挪威]陶丽·莫依:《性与文本的政治》,杨建法、赵拓译,时代文艺出版社1992年版。

[斯洛文尼亚]波拉·祖潘茨·艾塞莫维茨:《露西·伊丽格瑞:性差异的女性哲学》,金惠敏译,《江西社会科学》2004年第3期。

[英]柯林·戴维斯:《列维纳斯》,李瑞华译,江苏人民出版社2006年版。

[英]苏珊·弗兰克·帕森斯:《性别伦理学》,史军译,北京大学出版社2009年版。

[英]索菲亚孚卡:《后女权主义》,王丽译,文化艺术出版社2003年版。

[英]伊丽莎白·赖特:《拉康与后女性主义》,王文华译,北京大学出版社2005年版。

鲍晓兰:《西方女性主义研究评价》,生活·读书·新知三联书店1995年版。

陈汝东:《语言伦理学》,北京大学出版社2001年版。

戴雪红:《性别与哲学——女性主义哲学的当代发展》,《山西师范大学学报》2009年第5期。

方亚中:《法国女性写作:西苏、克里斯蒂娃和依利加雷》,《作家杂志》2008年第12期。

方亚中:《依利加雷对列维那斯他者伦理学的女性主义批判》,《华中科技大学学报》2010年第6期。

付翠莲:《两性和谐与构建社会主义和谐社会》,《理论学习》

2007年第4期。

郭艳君：《性别：同质性中的差异——兼谈女性哲学建构之可能性》，《学习与探索》2009年第2期。

李霞：《从社会性别视角看构建和谐社会》，《理论前沿》2006年第9期。

李银河：《女性权力的崛起》，文化艺术出版社2003年版。

李银河：《妇女，最漫长的革命》，中国妇女出版社2007年版。

刘霓：《西方女性学》，社会科学文献出版社2001年版。

刘岩、邱小轻、詹俊峰：《女性身份研究读本》，武汉大学出版社2007年版。

刘岩：《差异之美：伊里加蕾的女性主义研究》，北京大学出版社2010年版。

刘岩：《建构性别差异的政治学》，《中外文化与文论》2009年第8期。

刘岩：《露丝·伊里加蕾：法国后现代女性主义者》，《中国女性主义》2004（秋）。

马元龙：《雅克·拉康语言维度中的精神分析》，东方出版社2006年版。

苗力田：《亚里士多德选集》，中国人民大学出版社1999年版。

邱仁宗：《女性主义哲学与公共政策》，中国社会科学出版社2004年版。

石忆：《女性的语言：法国人的探索》，《文学语言学研究》2007年第7期。

宋健丽：《女性的社会平等与性别差异》，《河北学刊》2011年第2期。

宋素凤：《后现代主义思潮下的女权主义——评〈女权主义理论读本〉》，《妇女研究论丛》2009年第9期。

万俊人主编：《20世纪西方伦理学》，中国人民大学出版社2005年版。

汪民安主编：《后现代性的哲学话语——从福柯到赛义德》，浙江人民出版社 2000 年版。

王文华：《走进拉康》《拉康与后女性主义》，北京大学出版社 2005 年版。

吴康如：《〈第二性〉写作动机与出版始末》，《两性视野》，知识出版社 2003 年版。

吴秀莲：《性别差异的伦理学——伊丽格瑞女性主义伦理思想研究》，《哲学动态》2011 年第 5 期。

肖巍：《女性主义关怀伦理学》，北京出版社 1999 年版。

肖巍：《女性主义伦理学》，四川人民出版社 2000 年版。

肖巍：《关于"性别差异"的哲学争论》，《道德与文明》2007 年第 4 期。

肖巍：《性别差异：当代哲学的重要使命》，《山西师范大学学报》2009 年第 1 期。

肖巍：《性别差异：女性主义精神分析学的探讨》，《中山大学学报》2009 年第 6 期。

杨鸿雁：《女性自我发现与自我实现的乌托邦——伊丽格瑞的性别差异概念评介》，《国外文学》2005 年第 2 期。

杨庭芳：《一半是海水，一半是火焰——比较东西方女性观浅谈女性解放》，《法国研究》2007 年第 1 期。

张红、谈咏梅：《后波伏娃时代的法国女性主义》，《学海》2008 年第 6 期。

张玫玫：《露丝·伊丽格瑞的女性主体性建构之维》，《国外文学》2009 年第 2 期。

张岩冰：《女性主义文论》，山东教育出版社 1998 年版。

张京媛主编：《当代女性主义文学批评》，北京大学出版社 1992 年版。

朱晓佳：《女性"性别身份"的哲学思考》，《山西师范大学学报》2012 年第 2 期。

后　记

本书是在博士学位论文的基础上修改完成的，得到了导师肖巍教授的悉心指导。肖老师为本书的最终完成付出了极大的精力，从论文选题到整体结构的安排，再到论文的出版，自始至终保持着密切的关注，在此对肖老师表示衷心的感谢！

感谢曾经直接或间接指导帮助过我的所有老师，也感谢所有关心和帮助过我的同学和老师们！